일본과학 대탐험

일본과학 대탐험

정재승 기획
꿈꾸는 과학 글·사진

궁리
KungRee

★ 예비 과학자들이 한 번쯤 가봐야 할 일본 과학 탐험 지역

히로시마 | 히로시마 평화기념 박물관

오사카 | 가이유칸

다카라즈카 | 데즈카 오사무 박물관

요코하마 | 라면박물관

교토 | 기요미즈테라

아가츠마

도코로자와

도쿄

요코하마

아가츠마 | 군마천문대

도쿄 | 항공발상기념관

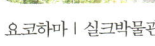
요코하마 | 실크박물관

도쿄 | 국립과학박물관

프롤로그

그날은 여름 늦더위가 한창 기승을 부리던 광복절의 인천공항. 시끌벅적한 한 무리가 부랴부랴 일본행 비행기에 올라탄다. 이들은 대장인 정재승 선생님을 필두로 한 '꿈꾸는 과학' 학생들 아홉 명으로, 일본에서 과학을 찾으라는 특명을 부여받아 임무를 수행하러 떠나는 길이다. 인원 수가 많은 탓에 모두들 따로따로 흩어 앉게 된 우리는 두근거리는 마음을 추스르며 비행기가 날아오르기만을 기다렸다. 드디어 비행기가 땅을 박차고 일본으로 향하는 순간, 여름 내내 열심히 모아온 꿈의 퍼즐이 현실로 짜맞춰지기 시작한다.

여행 프로젝트의 시작은 저만치 5년 전 겨울로 거슬러올라간다. 그 당시 '꿈꾸는 과학' 1기는 제주도에서 밤낮으로 〈있다면 없다면〉이라는 원고의 퇴고 작업에 몰두하고 있었다.

"과학을 주제로 한 일본 여행을 떠나보는 건 어떨까?"

정재승 선생님은 늘 우리가 코앞의 프로젝트에 허우적거릴 때면 언제나 새로운 뭔가를 제시하며 우리를 자극하신다. 가깝지만 먼 나라 일본. 바로 옆에 있는 나라임에도 불구하고 역사적 비극으로 얽혀 있는 복잡한 감정들 때문에 상대적인 거리감이 있는 것도 사실이다. 그러나 첨단 과학기술과 과학의 대중화 면에서 우리보다 한 발짝 앞서 있는 일본은 어쩌면 가장 먼저 탐험해야 할 대상이었는지도 모른다. 우리는 퇴고 작업에 지쳐 있었다는 것도 잊은 채 일본 과학 여행이라는 매력적인 소재에 또 다른 상상의 나래를 펼치면서 마음은 이미 일본으로 떠나버린 상태였다. 2004년 봄, '꿈꾸는 과학' 2기가 들어오고 일본어를 공부하는 사람, 만화를 좋아하는 사람, 로봇에 관심이 있는 사람, 일본을 고스란히 담아내기 위한 글재주와 사진 기술을 가지고 있는 사람 등등 일본 과학 여행에 관심이 있는 꿈쟁이 아홉 명이 선발되었다.

일본의 과학을 어떤 식으로 보면 좋을까? 일본 과학 여행에 참가한 아홉 명의 꿈쟁이들과 선생님이 가장 먼저 고민한 질문이다. 신촌의 한 카페에서 밤을 새가며 논의한 결과 크게 세 팀으로 나누기로 했다. 1조의 경우, 일본에서는 과학을 어떻게 대중에게 전달하는지 알아보기 위해 과학관, 자연사박물관, 천문대, 수족관, 동물원 등을 방문하기로 했다. 2조의 주제는 대형 쇼룸과 명문 대학을 방문하여 일본의 첨단 기술과 기초 과학을 다루고, 다카기 학교를 찾아가 우리나라에 아직 생소한 시민과학에 대해 이야기하기로 했다. 3조는 일본 문화 속에서 과학을 찾기로 하고, 절과 성 같은 유적지는 물론이고 온천, 기모노, 정원에 담겨 있는 일본만의 특징을 과학으로 풀어내기로 했다. 이러한 설정은 고스란히 책에 담겨 우리의 여행기 또한 이렇게 총 3부로 이루어졌다.

　여름방학이 시작되자마자 본격적인 시동이 걸렸다. 그냥 일본 여행을 떠난다고 해도 찾아봐야 할 것들이 적지 않은데 '과학 여행'이라니, 공부해야 할 것이 산더미였다. 덕분에 한동안 도서관 대출 목록 기록엔 '일본'이라는 단어만으로 몇 페이지가 도배됐고, 복사실 사람들과는 자료를 복사하면서 학기 중보다 더 많은 인사를 나눴다. 그렇게 각자가 준비한 자료를 들고 모이면 웬만한 책 한 권 두께가 된다. 이렇게 모은 자료들 또한 여행을 다녀온 지금까지도 일종의 기념품처럼 버리지 못하고 소중히 간직하고 있다. 여름방학 내내 틈만 나면 이화여대 강의실과 근처 카페를 전전하며 더위 대신 일본과 과학에 빠져 허우적거리던 우리는 여름방학이 끝나갈 즈음 비로소 일본을 향해 떠날 수 있었다. 구름 위에서 희미하게 일본 땅이 보였을 때 느낀 두근거림은 이제 막 무대에 오르려는 배우의 심정과 같았다.

　우리가 공부한 대로 생각하고 일본 안에서 과학을 찾을 수 있을까? 눈에 먼저 들어오는 것은 길거리 광고판의 욘사마와 보아였다. 지하철을 탄 사람들이 열심히 읽는 만화책, 우리나라 떡볶이 집만큼이나 많은 라면 집 깃발, 무엇보다 지나가는 사람들 입에서 흘러나오는 일본어가, 지금 우리가 서 있는 곳이 일본이라는 것을 실감하게 해주었다. 그러나 이런 흔한 흥분 사이에서 우리가 놓치지 않아야 할 것은 바로 '과학'이었다. 과학을 찾기 위해 일부러 '과학'이 들어 있는 과학관을 찾아다니기도 했지만, 밥을 먹을 때도, 문화재를 견학할 때도, 심지어 전철을 타고 창밖 풍경을 바라보면서도 그 속에 들어 있는 과학을 찾으려 애썼다. 일본 사람들이 이렇게 라면을 많이 먹는 데에는, 일본의 집들이 옹기종기 모여 있는 데에는 분명 그것이 그들에게 유익한 점이 있기 때문일 거다. 문득 사람들이 긴 시간 쌓아온 지혜란 결국 '문화'라는 이름으로 단단하게 뭉쳐지는 것이 아닐까? 그렇게 생각하면 결국 과학 없이 다른 사람에게 문화를 설명하기란 수박 겉핥기일 뿐이다. 여행이 그들의 문화를 느끼고자 하는 것이라면 굳이 '과학 여행'이라는 제목을 달지 않고서도 어쨌든 여행에는 과학적 마인드가 들어가는 것이 아닌가 하는 생각이 들었다.

일본 특유의 끈적이는 여름 날씨에 지친 몸을 이끌고 숙소로 돌아오면 쉴 틈도 없이 곧바로 정리회의를 하기 위해 모여야 했다. 세 팀으로 나눠 여행을 하다 보니 정리회의 시간에는 서로서로 자기 팀이 보고 느낀 이야기를 열렬히 다른 팀들에게 설명하느라 또다시 한바탕 흥분하기도 했다. 한참 이야기를 하다 보면 마치 한국에서 모임을 갖는 듯한 착각이 들어 잠시 내가 일본 여행을 하고 있다는 사실을 잊어버릴 정도였다. 그날 그날 찍은 사진을 보면서 그때의 기억과 기록들을 펼쳐놓고 각자가 가지고 있는 생각들을 나눈 후 내일의 계획을 짰다. 이렇게 오랫동안 이야기를 나누고 나면 어느새 기진맥진해 자야 할 시간이 된다. 그러다 가끔 여행의 아쉬움에 힘이 남아 있을 때면 숙소 근처 늦은 밤거리를 걷기도 했는데, 밤 10시가 넘어도 환한 불빛을 자랑하는 우리나라 가게들과는 달리 일본의 가게들은 일찌감치 문을 닫는 경우가 대부분이었다. 이럴 때 위로가 되는 건 우리나라에서도 볼 수 있는 24시간 편의점뿐이었다.

도쿄, 오사카, 히로시마 등 우리가 갔던 곳 어디에서나 친절했던 일본 사람들과의 만남 또한 매우 소중한 경험이었다. 자신도 길을 가던 중이었는데도 끝까지 안내해주던 사람들은 오히려 우리가 너무 미안할 정도였다. 불쑥 찾아갔던 박물관이나 기모노 학원, 온천 근처의 관광 안내소 사람들도 매우 따뜻했다. 짧은 영어와 서툰 일본어로 떠듬떠듬 열심히 일본을, 그리고 과학을 이야기하던 그들의 얼굴에서는 뿌듯한 미소가 피어올랐다.

2주 동안의 꿈만 같던 일본 여행을 마치고 돌아온 우리를 기다리던 건 아쉬움이나 2학기 개강뿐이 아니었다. 이젠 본격적으로 우리의 이야기를 글과 사진으로 다듬어야 했다. 여행만 다녀오면 그 뒤의 작업은 술술 풀려나갈 수 있을 거라 생각했던 것은 큰 오산이다. 뭐든지 뒷정리가 준비만큼이나 힘이 드는 법. 여행을 다니면서 새로 알게 된 점들과 또다시 생기는 새로운 자료를 찾고 조금씩 희미해지는 여행의 기억을 붙잡아가며 생생한 글을 쓰기란, 학기라는 커다란 파도를 넘기에도 벅찬 학생들에게 쉽지만은 않았다. 결국 겨울까지도 계속 글을 쓰고 읽고 퇴고하기를 반복하면서 여름방학 때부터 계속 붙잡고 있던 일본과 과학이라는 녀석을 놓을 줄을 몰랐다. 그리고 그 끝나지만 않을 것 같았던 '일본 과학 여행'의 긴 레이스가 어느새 끝이 보인다.

대부분의 꿈쟁이들에게 첫 해외 여행이었던 일본 여행은 이후로도 이들을 해외로 나가게 하는 기폭제 역할을 했다. 하지만 그럴 때마다 이들을 늘 따라다니는 병이 있었으니 그것은 바로 '과학 여행 증후군'. 어디를 가나 과학관을 확인하고 어떤 것을 보아도 어떻게 과학과 연결지을까를 생각하는 병이다. 이탈리아에서는 레오나르도 다빈치를 찾고, 그리스에서는 고대 수학자들과 만나보고, 터키에서는 옛날 아랍 상인들의 수학을 더듬어 본다. 역시나 일본에서뿐만 아니라 다른 나라 어디를 가도 과학이라는 녀석은 그 나라를 여행하는 데 떼어놓을 수 없는 최고의 동반자가 된 셈이다.

　또다시 그날과 같은 여름이 돌아왔다. 예쁘게 책으로 다듬어진 우리의 일본 과학 여행기가 이 책을 읽는 독자들에게도 '과학 여행 증후군'이라는 전염병을 옮기는 매개체가 되기를 꿈꾼다. 아마도 올 여름에는 우리 같은 '과학 여행 증후군' 환자들이 대거 일본행 비행기에 오를 것 같다.

2008년 7월
꿈꾸는 과학

차례

프롤로그   6

1부 일본 과학을 제대로 즐길 수 있는 놀이터, 다양한 과학관들   _15

01 ｜ 일본 과학관의 맏형—국립과학박물관   16
02 ｜ 비행의 땅, 도코로자와—항공발상기념관   34
03 ｜ 물이 되는 꿈—가이유칸   50
04 ｜ 꿈을 파는 문방구—군마천문대   66
05 ｜ 아이들을 위한 놀이터—미래과학기술정보관   84
06 ｜ 나에게 과학은 어떤 의미인가—일본과학미래관   94

2부 연구실의 과학, 일본인의 생활 속으로 파고들다   _113

01 ｜ 만화 주인공 아톰, 현실이 되다!   114
02 ｜ 회색 빌딩 숲을 푸르게 하는 자동차   130

03 I 다카기 진자부로, 시민과학자로 살다　146
04 I 일본 대학 탐방으로 본 노벨상 이야기　160
05 I 신칸센을 타고 일본을 가로지르다　176

3부　일본 문화 속에 숨겨진 흥미진진한 과학 상식　_191

01 I 일본 건축, 살아 있는 역사와의 만남　192
02 I 일본 패션의 현주소　210
03 I SF 만화강국, 과학강국　224
04 I 일본 밥상에서 과학을 맛보다　240
05 I 그때 그 할아버지를 찾아서—히로시마 평화기념공원　254
06 I 온천, 극락으로의 여행　268
07 I 일본 정원, 장식품이 된 자연　278

에필로그　289

일본 과학을 제대로 즐길 수 있는 놀이터,
다양한 과학관들

01

일본
과학관의 맏형

: 국립과학박물관

　여행하는 사람의 특권은 뻔뻔함이다. 낯선 곳을 두리번거리는 이방인이 되면 누구나 대담해지기 마련이다. 해외여행을 할 때면, 평소 문법이 틀릴까봐 목에 걸려 나오지 않던 영어도 청산유수다. 특히나 일본처럼 영어가 서툰 나라에선 자신감에 배짱까지 붙어 성량이 커지고 목소리 톤마저 한 단계 올라간다. 어차피 한 번 보고 말 사람들, 이런들 어떠하며 저런들 어떠하리.

　도쿄의 전철 안에서 우리는 완벽한 이방인이었다. 출근길, 양복을 말끔히 차려입은 회사원들 속에서 생수통 꽂은 배낭을 멘, 반바지 차림의 한국인들은 확실히 튀었다. 지도를 펼치고 한국어로 중얼거리는 무리들. 사람들의 시선이 우리에게 꽂혔지만 불편하지 않았다.

　과학에 대한 사람들의 무관심은 이방인의 뻔뻔함을 닮았는지 모른다. 알 수 없는 기호들이 난무하는 과학기술은 낯설고, 사람들은 자신들을

국립과학박물관.

영원한 과학의 이방인쯤으로 여긴다. 과학기술이 발전할수록 그것은 어려워지고 알 수 없는 무엇이 되고 결국 낯설어진다. 과학이라는 탑이 높아질수록 사람들의 시야에서 과학은 멀어져 간다.

머리가 짜낸 테크노피아를 동물의 흔적을 간직한 몸으로 느끼기엔 벅찬 것일까? 분업과 유통기술이 고도로 발달하면서 생산과 소비의 주체는 멀어졌다. 세상이 복잡해질수록 관계의 그물망은 정교해지지만 직접적이고 육체적인 접촉은 사라진다.

전철안의 광고판에는 욘사마가 S사의 핸디캠을 들고 있었다. 사람들의 시선은 욘사마의 미소에 머물고, 핸디캠에 담길 행복한 일상으로 옮겨간다. 빛이 렌즈로 들어와 감광판을 자극해 전기적 신호로 바뀌는 일련의 과정을 떠올리는 사람은 없다. 과학기술로 점철된 21세기라지만 과학과 대중의 간극은 생각보다 넓다.

과학관의 탄생

과학관은 현대사회에서 점점 멀어져가는 과학과 대중의 거리감을 좁히기 위해 탄생했다. 자본과 노동력이 자유롭게 이동하는 지구촌에서 국가가 소유할 수 있는 가장 확실한 힘은 과학기술이다. 과학과 대중이 멀어진다고 해서 모른 척 넘어갈 수 없는 이유가 여기에 있다. 과학기술이 사회 전반에 골고루 퍼져 대중 사이로 스며들수록 국가의 잠재적인 발전 가능성은 높아진다.

지금 눈앞에 서 있는 일본국립과학박물관 역시 과학을 대중에게 소개하는 임무를 부여받고 태어났다. 그 시절 일본은 만주사변을 일으키며 중국 땅에 만주국을 세웠고, 파시즘의 길로 들어서면서 본격적인 침략전쟁을 준비했다. 몇 년 후 중일전쟁과 태평양전쟁을 일으킨 일본에게 '전 국민의 과학기술화'는 생존이 걸린 문제였다. 만주사변이 일어난 지 석 달 뒤인 1931년 11월 2일. 일본국립과학박물관은 천황의 참석 아래 공식

::
우에노공원 안내도. 이곳에서는 미술관, 동물원, 식물원, 과학관 등 다양한 문화시설을 즐길 수 있다.

국립과학박물관의 정문을 들어오면 바로 볼 수 있는 흰긴수염고래. 세계에서 가장 큰 종의 동물이다.

적인 개관행사를 가지며 그 탄생을 알렸다.

  일본국립과학박물관은 100년의 역사를 간직한 우에노 공원 안에 자리 잡고 있었다. 아름드리 나무들이 빼곡히 차 있는 거리와 20세기 초반에 지어진 듯한 3층짜리 벽돌 건물. 서울시청을 닮은 일본국립과학박물관 본관은 첨단이란 이미지의 과학관이라기보다 과학의 역사를 간직한 박물관에 더 가까웠다. 실제로 일본국립과학박물관은 '자연사, 자연과학과 그 응용분야의 조사와 연구를 이끌고 성과물들을 수집·보관하고 대중에게 소개하여 사람들이 자연과학과 과학교육 분야에 관심을 가지도록 하는 것'이라고 설립목적을 밝히고 있다.

연구하는 과학관

일본의 과학관에는 매표소가 없다. 안내데스크 바로 앞에 설치된 자판기에서 표를 구입한 뒤 검사를 받고 입장하게 되어 있다. '한국에서 온 대학생들인데 미리 이메일로 연락을 해두었다'고 말하고 가이드를 부탁했더니, 잠시 후 상큼한 미소의 마키 시미즈 씨가 우리를 맞아주었다. 미리 연락을 했다고는 하지만 외국 학생들에게 흔쾌히 정규직 홍보직원이 박물관 이곳저곳을 안내해준다는 것이 조금은 신기하게 느껴졌다.

일본국립과학박물관의 역사만큼이나 오래되었을 법한 강당에서 의자를 둥글게 하고 마키 씨와 둘러앉았다. 우선 과학박물관에는 115명이 근무를 하는데 그 중 80여 명이 연구원이라는 사실이 놀라웠다.

"주로 자연사를 연구합니다. 신주쿠에 이공계 연수 연구관이 있고 츠쿠바에 온실을 갖춘 실험식물원이 있는데, 이들은 모두 과학박물관 소속 연구센터라고 보시면 됩니다. 그곳의 연구자료로 전시를 하기도 하고 정기적으로 논문도 출간하고 있지요."

일본국립과학박물관은 생각보다 다양한 연구를 하고 있었다. 단순히

::
본관 건물로 들어오면 커다란 공룡의 모습이 눈에 띈다. 옅은 갈색의 내벽과 오래된 시간의 냄새가 일본의 국립 과학 '박물관'을 찾은 이에게 인사를 건넨다.

전시물을 설치하는 데 그치지 않고, 끊임없이 새로운 아이템을 개발하고 이를 위해 연구를 하고 있었다. 실제로 미국이나 유럽의 유명 과학관의 경우 직원의 30퍼센트 이상이 연구원으로 구성되어 있으며, 관련 예산의 상당부분을 연구사업에 투자하고 있다. 일본국립과학박물관의 연구사업은 새로운 프로그램과 시설을 끊임없이 개발하면서 과학박물관에 생기를 불어넣는다고 한다.

"동물학, 식물학, 지질학, 고생물학, 그리고 인류학 등의 다양한 주제를 다루고, 도쿄의 도시화가 숲과 생물들에게 어떤 영향을 미치는지 조사하기도 합니다. 과학박물관 소속 자연교육원은 도쿄 시내에 20헥타르의 숲을 가지고 있지요. 그밖에도 일본의 산업기술과 역사에 대한 유물들의 평가와 보전, 전시에 대한 연구도 하고 있습니다. 2002년에는 과학관 소속으로 일본 산업기술 역사센터를 설립하기도 했습니다."

사실 과학관의 역할은 시대에 따라 변해왔다. 19세기 과학 관련 유물을 전시하는 종합 박물관의 한 코너에서, 20세기 초반 과학관은 과학기술의 기본 원리를 학습하는 장으로 발전했다. 이제 21세기의 과학관은 과학자료를 가공하여 일반인들에게 확산시키는 과학기술사회의 기반시설(Infrastructure)로서의 변신을 꾀하고 있다. 실제로 국제박물관위원회는 과학관(Science Museum/Science Center)을 "과학적 가치가 있는 자료·표본 등을 조사·발굴·수집·보존·연구하여 공개·전시함으로써 일반대중의 창조적 휴양과 교육을 통해 과학기술의 발전과 공공의 이익에 기여하는 항구적 공간과 조직"으로 규정하고 있다.

발견의 숲

일본과학박물관에서 가장 볼 만한 곳은 어디일까? 이곳 박물관을 대표할 만한 전시물을 소개해달라고 부탁하자, 마키 씨는 우리를 '발견의 숲'으로 안내했다. 놀이공원에서나 봄직한 인공 동굴 저 너머에서 새소리와 바람소리가 나지막이 들렸다. 2층 높이의 나무 위엔 들쥐를 노려보는 부엉이가 앉아 있었고, 나무가 우거진 숲속엔 새끼 멧돼지들이 어미의 배에 달라붙어 젖을 빨고 있었다. 지층의 단면이 드러난 절벽엔 화석이 박혀 있고 시냇물 소리가 나는 곳엔 개구리를 노리는 뱀이 있었다. 비록 움직임이 없는 박제들이었지만, 숲은 정교한 조명을 받으며 살아 있는 듯했다.

"발견의 숲은 일종의 인공 숲이에요. 유리창 너머로 보기만 하는 전시가 아닌 오감으로 느끼는 자연을 담으려 했습니다. 들쥐를 노려보는 부엉이는 자연의 포식관계를 알려주고 지층에 박힌 조개 껍데기 화석은 지각의 운동을 느끼게 해줍니다. 숲 아래 땅을 파보세요. 이렇게 손잡이를 당기면 땅이 케이크 조각처럼 잘려 나오면서 그 안에 숨어 있는 다양한 곤충과 동물들을 볼 수 있습니다."

마키 씨는 '수동적인 전시에서 벗어나 직접 관찰하고 느끼는 전시관'이라고 이곳 발견의 숲을 소개해주었다. 수많은 동물과 식물들의 관계를 설정해놓은 발견의 숲은 관람객들에게 숲과 생물의 관계를 알아가는 재미를 안겨준다.

언덕 위엔 새의 시각으로 세상을 볼 수 있는 망원경이 있었다. 망원경 옆의 스크린에는 하늘 위를 나는 독수리의 모습이 보이고, 망원경의 끝

발견의 숲.

발견의 숲에서는 숲에서 서식하는 동물들의 박제를 곳곳에서 찾아볼 수 있다. 유리 전시함을 벗어나 숲에 어우러져 있는 동물들이 금방이라도 움직일 것 같다.

    은 독수리의 시선과 이어져 나무 위에 앉은 조그만 새를 겨눴다. 언덕을 내려와 숲의 뒤쪽으로 가보면 땅속으로 이어진 길이 나온다. 좁고 낮은 땅굴을 지나 고개를 빼꼼히 내밀면 너구리의 눈높이로 숲을 둘러볼 수도 있다.

    잠시 후 밝은 조명이 꺼지고 새소리가 달라졌다. 지저귀던 참새소리는

1, 2 발견의 숲 곳곳에 나뭇잎이나 곤충에 관한 정보를 볼 수 있는 전시물을 비치해뒀다.
3 먹이를 찾아 주위를 살피는 한 마리 새가 되어보자.
4 너구리가 보는 숲은 어떤 모습일까?

사라지고 스르르 풀벌레가 울기 시작했다. 바람소리가 세지는가 싶더니 개울가에선 반딧불이가 반짝거렸다. 하천이 끝나는 벽면엔 도쿄의 야경이 펼쳐졌다. 밤이 찾아온 것이다. 발견의 숲은 30분마다 그 모습을 바꾼다. 낮과 밤이 바뀌는 것은 물론 비가 오기도 한다. 다행히도 비오는 날은 빗소리만 울려퍼질 뿐, 천장에서 물을 뿌리는 세심한 상황연출까지는 보여주지 않는다.

그렇게 정신없이 놀던 중 마키 씨가 우리에게 이와사키 씨를 소개시켜 주었다. 숲 한켠에 마련된 기다란 책상에 앉아 있는 이와사키 씨는 발견의 숲을 담당하는 교육 스태프라고 했다. 카페의 바처럼 생긴 책상 뒤로는 다양한 책들과 학습자료들이 비치되어 있었다.

"발견의 숲은 조키바야시를 모델로 하고 있습니다. 조키바야시는 일본 말로 '약간의 관리를 한 숲'이란 뜻이죠. 보시다시피 기둥이 굵은 나무보단 잔가지가 많은 잡목들이 많죠. 안타깝게도 도쿄에서는 이런 조키바야시조차 보기가 힘듭니다. 도시에서 나고 자란 사람들이 숲을 접하기란 여간 어려운 일이 아니거든요. 저희의 바람은 사람들이 이곳에서 숲을 읽고 즐기는 방법을 배워 진짜 숲으로 찾아가는 겁니다."

도쿄에는 산이 없다. 서울 면적의 세 배가 되는 넓은 땅이 대부분 평지로 되어 있기 때문이다. 공원으로 지정된 곳이 아니면 대부분 개발이 되어 건물이 들어서 있는 게 보통이다. 신주쿠에서 차를 타고 한 시간 정도 외곽으로 나가야 다카오산을 만날 수 있다고 한다.

"사람들은 숲에서 무얼 해야 하는지 모릅니다. 경험이 없으니까요. 그렇다고 공부하기 싫어하는 아이들에게 생태학 책을 안겨줄 수는 없잖아요. 그래서 발견의 숲을 돌아다니며 관찰하고 발견하는 체험을 놀이의 형태로 즐기게 해주자는 겁니다. 결국엔 아이들도 숲과 교감하는 법을 알게 되겠지요."

급격한 도시화로 숲의 향기를 맡아보지 못한 사람들에게는 징검다리가 필요하다. 한 번도 재미와 경이로움을 느껴보지 못한 대상에 흥미를 보이고 애착을 가질 수는 없는 노릇이다. 서울에서 나고 자란 한 친구는 줄곧 이런 말을 하곤 했다. '난 콘크리트 아파트로 둘러싸인 집에 오면 편

발견의 숲에서 놀다가 문득 궁금해지는 것들은 한 켠에 마련된 작은 도서관에서 바로바로 찾아볼 수 있다. 일본에서 방문한 대부분의 과학관에는 관련 서적과 자료들을 모아놓은 공간이 있었는데, 전시실 못지않게 사람들의 발걸음이 끊이지 않는다.

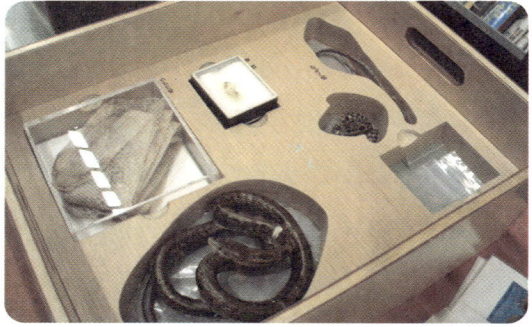

이곳의 자원봉사자들은 자신이 공부한 자료들을 모아 주제별로 박스를 제작한다. 이렇게 만들어진 박스는 관람객들에게 설명하는 데 쓰이는 것은 물론 다른 봉사자들의 학습자료로 이용되기도 한다.

"개구리는 뱀의 천적이란다."

참 친절히 대해주었던 자원봉사자 아주머니, "박쥐의 표본도 만들어놓았답니다."

안함을 느껴. 푸른 숲보단 회색 빌딩 숲이 더 익숙하거든.'

이미 자연과의 단절은 생각보다 깊이 진행되었는지도 모른다. 인공 숲을 만들어 사람들의 관심을 진짜 숲으로 유도하는 모습이 그리 낯설게 다가오지 않는 것도, 그만큼 나와 자연의 틈새가 벌어져 있기 때문일 것이다.

진화하는 과학관

이와사키 씨에게 마지막으로 발견의 숲이 언제 만들어졌는지 물었다.

"1980년에 참여형 전시를 목표로 처음 지어졌습니다. 그때는 지금과는 매우 다른 모습이었죠. 저는 처음부터 발견의 숲의 기획과 제작에 참여해왔는데, 그동안 두 번의 큰 공사를 했고 지금의 모습은 세 번째 버전이라 할 수 있겠군요. 그 외에도 그때그때 조그만 아이템과 프로그램을 계속 추가하고 수정하면서 3~5년 단위로 변화를 주고 있습니다."

과학관에 설치되는 참여형 전시물은 보통 5년이 지나면 그 수명을 다한다. 그 이상이 되면 너무 낡아서 사람들의 관심을 끌지 못하기 때문이다. 과학관의 전시물은 그 특성상 끊임없는 개발을 통해 시대상을 반영하고 새로움을 안겨주어야 한다.

일본국립과학박물관은 지어진 지 70년이 넘었다. 그만큼 건물도, 전시물도 예전의 모습을 그대로 간직한 채 나이를 먹었다. 아쉬운 것은 오래될수록 진한 멋을 풍기는 유물들과는 달리 첨단 과학기술은 시간이 지나면 뒤쳐진다는 사실이다. 그래서인지 사람들의 발길은 빛바랜 본관을 지나쳐 신관을 향하고 있었다.

2001년 부분 개관한 신관은 지하 1층의 백악기 공룡 전시관, 1층의 해양생물관, 2층의 생활과학관과 3층의 발견의 숲으로 구성되어 있다. 본관의 전시물들이 유리창 너머에 놓여 있는 평면적인 구성인데 반해, 신관의 전시물들은 공간을 다채롭게 채우며 입체적으로 꾸며져 있다.

점심식사를 마치고 마키 씨는 좋은 소식이 있다며 우리를 신관으로 안내했다. 공사가 진행 중인 전시부스를 공개해도 좋다는 허락이 떨어진 듯 했다. 포장비닐이 채 벗겨지지 않은 철문 너머로 전시물을 다듬고 있는 사람들이 보였다. 전시관 내부는 공연준비가 덜 끝난 연극무대처럼 조금 어수선했다. 마지막 작업에 사람들은 숨을 죽이고 손끝 하나하나에 집중하고 있었다. 머리가 희끗한 노교수는 우리의 사진 요청도 물리고 조용히 전시물을 매만졌다.

"새로 공개될 이곳은 아름다운 과학관을 모토로 하고 있습니다. 미적인 면을 강조해 사람들에게 보는 재미, 나아가 감동을 선사하려고 합니다. 미술관만 아름다우란 법은 없잖아요. 자연의 경이로운 모습을 아름답게 보여줄 수 있도록 전시물의 제작과 배치에 신경을 썼습니다."

일본인다운 발상이었다. 날것 그대로의 풍미와 시각적 아름다움을 중시하는 일본의 음식문화가 떠올랐다. 공룡 화석과 다양한 동식물의 박제 및 표본 들을 웅장하고 아름답게 포장하는 것. 자연사 중심의 일본국립과학박물관에 어울리는 컨셉이었다.

높은 천장 아래로 거대한 수룡과 바다거북 화석이 허공의 바다를 갈랐다. 과학박물관 홍보 포스터에 실린 사진 속 주인공들이었다. 분명 죽어 있는 것들인데 살아서 군무를 펼치는 것 같았다. 계단처럼 박제를 쌓아올린 코너는 몸집이 제법 큰 포유류들만 한데 모아두었다. 봉긋하게 솟은 전시대 위의 동물들은 노아의 방주를 연상케 했다.

::
옛날 냄새가 물씬 풍기는 본관과는 달리 세련된 실내를 자랑하는 신관. '아름다운 과학관' 답게 층층마다 과학을 소재로 한 장식물들을 볼 수 있다.

    또 다른 층에는 일본 최초의 것들이 자리 잡고 있었다. 장롱만한 계산기, 옆구리에 붉은 일장기가 박힌 프로펠러 비행기, 공작용 선반 등이 보였다. 조선이 갓을 쓰고 척화비를 세울 때 일본은 양복을 입고 증기기관을 만들었을 것이다. 그 시절 조선과 일본을 상상하니 시간의 앞뒤가 엉켜버리는 것 같았다. 만약 백 년 전, 조선이 스스로 근대화를 이루었더라면 어떻게 되었을까? 그렇게 과학기술은 같은 시대에 다른 공간에서 차이를 만들고 있었다고 과학박물관은 말하고 있었다.

전시관을 모두 둘러보고 엘리베이터에 올랐다. 헤어지기 전 마키 씨에게 마지막으로 물었다. 과학박물관은 현장의 과학자들과 대중을 연결하기 위해 어떤 노력을 하고 있을까?

"최신 과학을 사람들에게 전달하는 일은 매우 중요합니다. 그렇지만 쉬운 작업은 아니잖아요. 과학박물관이 안고 있는 숙제이기도 하죠. 사전지식이 부족하고 과학에 익숙하지 않은 일반인들에게 최신 연구결과를 그대로 받아들이라고 하는 건 무리한 요구입니다. 또한 일선의 과학자들

∷
아름답게 전시된 해조류를 감상하는 연인의 모습. 과학관에서의 데이트도 썩 괜찮아 보인다.

∷
지금은 비록 뼈만 앙상하게 남았지만, 대지를 울리던 공룡의 포효가 백악기로부터 전해오는 듯하다.

일본 최초의 계산기.

역시 어느 정도 쉬운 언어로 풀어서 이야기해야 하는지 모르는 경우가 대부분이죠. 전문적인 지식을 가진 사람이 나서서 과학자와 시민들을 연결시켜주어야 합니다. 아마도 앞으로 과학박물관이 맡아야 할 역할이 이런 부분이겠지요."

"지금도 공개 심포지엄과 강좌를 통해 과학자와 일반대중을 연결하는 기회를 꾸준히 제공하고 있습니다. 문제는 이벤트 형식의 강좌를 넘어서는 체계적인 시스템을 어떻게 갖출 것이냐는 거죠. 모든 과학자들이 과학관에서 자신들의 연구결과를 설명하는 일을 제도화하는 것도 하나의 아이디어예요. 발표에 대한 일반인들의 평가를 연구예산 편성기준으로 삼으면 꽤 활성화될 수 있지 않을까요? 물론 아직은 그냥 수많은 아이디어 중 하나일 뿐입니다만."

1 나이 지긋한 자원봉사자 할아버지께 듣는 과학은 재미있는 옛날이야기 같다.
2 신관의 한 층은 체험공간으로 꾸며져 있다. 체험공간에서는 자원봉사자들과 함께 재미있는 실험을 해볼 수도 있다.

꿈을 꾸다

이곳에서 특히 인상 깊었던 것은 은퇴한 과학기술자들이 전시물 앞에서 중·고등학생들에게 과학을 설명해주는 봉사를 할 수 있는 사회적 분위기와 제도적 장치를 마련하고 있다는 점이었다. 사실 이곳의 전시물 자체는 대전에 있는 우리나라의 국립중앙과학관과 크게 다르지 않다. 그러나 이곳에선 나이 든 과학기술자들이 교통비와 식비, 유니폼 정도만 제공받고도 자원봉사로 어린 학생들을 위한 과학교실을 운영하고 전시물 앞에서 학생들에게 질문도 하고 설명도 해준다. 그리고 그 모습은 아이들에게 과학관에서 배운 그 어떤 과학지식보다 소중한 경험이 된다.

우에노 공원을 걸으며 우리나라의 시민들과 과학자들이 과학관에서 함께하는 모습을 상상해본다. 당장은 불가능해 보이는 꿈이겠지만, 지식이 유통되는 광장으로 과학관이 거듭날 수 있다면 얼마나 좋을까? 우리가 낸 세금으로 연구소가 운영되고, 그렇게 개발된 과학기술이 우리의 삶을 지탱하고 있으며, 지금 이 순간에도 우리가 몸담고 있는 세상의 구조를 송두리째 바꾸고 있는 것이 과학이라는 걸 생각하면, 과학관의 진화는 계속되어야 할 것이다.

과학자들이 연구실에서 뛰어나와 때론 시민단체와 격렬한 토론을 벌이고, 때론 아이들에게 재미난 이야기를 들려줄 수 있다면, 그리고 그런 일들이 과학관에서 이루어질 수 있다면 얼마나 좋을까? 북적이는 우에노공원을 걸으며, 한여름 오후의 꿈을 꾼다.

국립과학박물관 www.kahaku.go.jp

+ 주소 | 도쿄 다이토구 우에노공원 7-207-20(東京都台東区上野公園 7-207-20)
+ 교통 | JR 우에노 역에서부터 도보 5분, 도쿄 메트로 긴자선·히비야선 우에노 역에서부터 도보10분, 케이세이선 게이세이 우에노 역에서 도보10분
+ 전화 | 03-3822-0111(월~금요일), 03-3822-0114(토, 일, 공휴일)
+ 개관 | 오전 9시~ 오후 5시(금요일 오전 9시~ 오후 8시)
+ 휴관 | 매주 월요일(일, 월요일이 축일일 경우는 화요일), 연말(12월 28일 ~ 1월 1일)

02

비행의 땅, 도코로자와

: 항공발상기념관

도쿄 신주쿠에서 급행열차로 30분. 도코로자와 항공공원 역에는 하늘로 비상하는 종이비행기 조형물이 우뚝 솟아 있었다. 8월의 강렬한 태양을 머금은 금속빛 종이비행기. 구름과 맞닿은 삼각형 날개 위로 도코로자와의 고요한 하늘이 묻어났다.

20세기의 발명품, 종이비행기

어린 시절, 종이비행기는 묘한 매력을 풍기던 장난감이었다. 모서리를 잘 맞춰 꾹꾹 눌러 접은 균형 잡힌 비행기. 뾰족하게 날이 선 코는 바람을 가르고 완벽한 좌우대칭의 날개는 미끄러지듯 하늘을 달렸다. 때론 꼬리를 접어 올리기도 하고 날개를 연필에 말아 멋을 주기도 했다. 그 시절 아이들은 무언가에 홀린 것처럼 더 멋있고 더 빠른 비행기를 위해 종

도코로자와
항공발상기념관.

이를 접고 또 접었다. 내 기억 속, 그렇게 종이비행기가 되어 날아간 공책이 수십 권은 족히 되었더랬다.

종이비행기는 20세기에 등장한 발명품 중 하나다. 어떤 기록에 따르면 종이비행기가 유행한 것은 1909년, 전투기 생산이 본격적으로 이루어지기 시작하면서부터라고 한다. 그러니 따지고 보면 종이비행기는 날개의 양력을 이용한 진짜 비행기가 출현한 이후 등장한 근대적 장난감인 셈이다. 아이들의 손을 떠나 바람을 가르는 하얀 종이비행기와 함께 인류의 비행이 시작

::
도코로자와 항공공원 역에서 여행자들을 반기는 종이비행기.

2. 비행의 땅, 도코로자와—항공발상기념관

된 것이다.

일본의 항공 발상지, 도코로자와

일본 항공의 발상지라는 이곳 도코로자와에는 비행기의 향기가 곳곳에 스며 있다. 거리를 지나는 하늘색 버스에도, 가로등의 꼭대기에도, 심지어 맨홀 뚜껑 위에도 다양한 모습의 비행기가 두 팔을 벌려 비상한다. 게다가 거리 곳곳엔 모형 비행기를 날리는 아이들의 모습이 청동 동상으로 서 있으니, 시 전체가 하나의 거대한 비행기 테마 공원이라 할 만했다.

도코로자와 항공공원 역전에서 눈길을 끄는 또 하나의 풍경은 YS-11이라는 일본 최초의 상용 여객기였다. 1962년 생산을 시작한 이후로 무려 182대나 팔려나간 YS-11은 미국으로 20여 대가 수출되기도 했다. 비록 엄청난 적자를 남겨 사업상 실패한 모델이라는 평가를 받고 있지만, 전후 해체되었던 일본항공산업의 부활을 알리는 신호탄이 되기에는 충분했다.

::
도쿄 교외의 아담한 도시 도코로자와. 버스부터 맨홀 뚜껑까지 도시 곳곳이 비행기의 추억으로 가득하다.

일본 최초의 상용 여객기 YS-11.

    일본은 이미 90여 년 전부터 비행기를 만들어왔던 저력 있는 항공산업 국가다. 일본은 1903년, 라이트 형제의 플라이어 1호의 성공에 자극을 받아 국가 차원에서 항공기 연구를 시작했다. 그로부터 8년 뒤인 1911년 4월, 도코로자와에 일본 최초의 비행장이 완공되었고 도쿠가와 요시토시 육군 대위는 프랑스에서 들여온 앙리-파르만기로 고도 10미터, 비행거리 800미터, 비행시간 1분 20초의 처녀비행에 성공한다. 이후 1945년 2차 세계대전이 끝날 때까지 도코로자와 비행장에서는 비행교육, 항공기 연구, 시험제작기의 테스트 등이 이루어지며 일본항공발전의 중심이 되었고, 패전 후 지금까지도 도코로자와는 '일본의 항공 발상지'로 불리고 있다.

    세계 최대의 항공기 제작업체인 보잉사에 가장 많은 비행기 부품을 수출한다는 일본. YS-11은 이곳 도코로자와의 땅 위에서 당장이라도 굉음을 울리며 이륙할 것 같았다.

항공기지가 공원으로

항공공원 역 앞의 대형 지도에서 항공기념공원을 찾았다. 내리쬐는 햇빛 탓에 제대로 눈을 뜨는 것조차 힘들었는데, 다행히 공원은 역에서 그리 멀지 않았다.

10여 분을 걸어 도착한 공원의 입구는 생각보다 소박했다. 항공기념공원이라고 씌어 있는 조그만 바위를 지나 계단을 오르니 광활한 대지 위에 꽃밭과 나무가 어우러진 널따란 항공기념공원이 펼쳐졌다. 이곳이 한때는 비행기 활주로였다는 것을 증명이라도 하듯 거대한 프로펠러를 하늘로 치켜세운 비행기가 하늘을 향해 서 있었다.

2차 세계대전이 끝난 후 승전국인 미국은 군수산업의 핵심 중 하나인 일본의 항공산업을 철저하게 해체했고, 그 과정에서 도코로자와 비행기지 역시 미군에게 넘어간다. 일본 최초의 비행장은 그렇게 일본인들의 손을 잠시 떠나 있다가, 1982년 일본인들의 강력한 반환운동에 힘입어 다시금 그들의 품으로 돌아왔다. 과거 비행장이었던 이곳의 자취는 '도코로자와 항공기념공원'으로 그 모습을 바꾸어 시민들에게 개방된 것이다.

하늘을 점령한 일본의 비행기

거대한 공원 한쪽에는 비행기 격납고처럼 생긴 항공발상기념관이 있었다. 아담한 규모의 기념관 로비로 들어서자 천장에 매달린 오래된 비행기 한 대가 가장 먼저 눈에 들어왔다. 나무 골조의 날개 위로 누런 천이 덮인 비행기의 곳곳은 얇은 쇠줄이 심줄처럼 팽팽하게 당겨져 있었다.

::
일본인이 최초로 제작한 군용기 '회식 1호'.

'회식 1호'라는 이름의 이 비행기가 바로 일본인이 만든 최초의 비행기였다.

1911년 10월 14일, 군용기로 생산된 회식 1호기는 앙리-파르만기를 참고하여 도코로자와 비행장 내에서 도쿠가와 요시토시에 의해 설계·제작되었다. 회식 1호기는 50마력의 엔진을 탑재한 11미터 날개의 복엽기로 시속 72킬로미터까지 낼 수 있었다고 한다. 주로 조종훈련이나 공중 정찰 교육에 사용되었을 뿐 실제 전투에 참여하지는 않았지만, 인류 최초의 비행기가 탄생한 지 불과 8년 만에 일본에서도 자체 기술력으로 비행기를 제작했다는 사실이 놀라웠다. 일본으로서는 1909년 7월, 항공기술을 연구하기 위한 임시 군용기구 연구회가 창설된 지 2년 만에 결실을 맺었던 것인데, 이는 그 시절 일본이 이미 상당한 과학기술을 보유하고 있었다는 것을 보여준다.

이후 일본의 항공기술은 발전에 발전을 거듭하다, 결국 1941년 12월 7일 제로센이라 불리는 A6M2 Zero기 편대를 이끌고 진주만을 공습하기

날아오르는 새를 보고 자유를 꿈꾸던 인간의 바람은 오늘날 비행기를 탄생시킨 원동력이었다.

에 이른다. 제로센이 처음 등장했을 당시 미국과 영국, 독일 등 그 어떤 나라의 비행기들도 제로센의 기동력을 따라오지 못했다고 한다. 비행기 제작에 뛰어든 지 30년 만에 일본은 세계 최고의 항공기술을 확보하며 태평양 전쟁의 서막을 연 것이다.

머리 위로 중력을 잊은 채 멈춰 있는 백 년 전 비행기. 비록 전쟁무기라는 불순한 의도였지만, 세계를 상대했던 그네들의 기술력은 인정하지 않을 수 없었다.

인류의 수직상승

박물관 내부는 소박하지만 깔끔한 시설들로 채워져 있었는데, 은은한 조명이 편안한 느낌을 더해주었다. 과학관의 첫 번째 코너는 자연의 비행 원리를 소개하고 있었다. 버튼을 누르자 단풍나무 씨앗이 투명한 아크릴관을 타고 7미터 위로 솟구쳤다. 단풍나무과 식물의 씨앗은 V자 모양의

 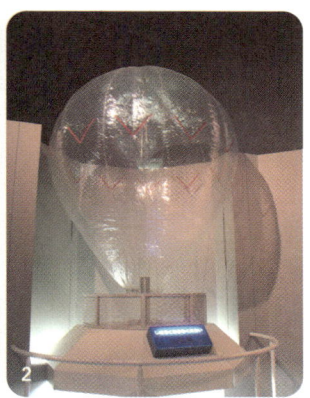

1 만화에서처럼 풍선으로 내 몸을 떠오르게 하려면 몇 개의 풍선이 필요할까?
2 전시관 한켠에서 쉴새없이 아래위로 오르내리는 열기구. 열기구의 아랫부분을 가열하면 팽창한 공기가 기구를 위로 떠오르게 한다.

넓고 얇은 막을 가지고 있는데, 이는 마치 헬리콥터의 날개처럼 빠르게 회전하며 바람을 타고 날아가 종자를 퍼트리는 역할을 한다. 순서를 따지자면 단풍나무가 레오나르도 다빈치보다 먼저 헬리콥터를 발명했던 셈이다. 어쩌면 다빈치가 단풍나무의 씨앗으로부터 영감을 받았을지도 모를 일이다. 인간의 지혜가 깊다 한들 어찌 자연을 따르겠는가.

날아오르는 새들의 사진이 있는 복도를 지나면 한 다발의 풍선이 떠 있는 부스가 나온다. 풍선 아래 놓인 저울 위로 올라서니 4907이라는 숫자가 뜬다. 한국인 표준체형을 유지하는 건장한 20대 남성을 들어올리기 위해 4,907개의 헬륨 풍선이 필요하다는 뜻이겠지. 신기한 듯 체중계 위로 오르고 내리는 일본 아이들이 보통 1,000여 개 후반의 풍선을 기록하는 걸 보고 나도 모르게 계산을 해본다. 아무래도 그다지 유쾌한 전시물은 아닌 듯하다.

풍선 다발 옆은 기구모형이다. 버튼을 누르면 윙 하는 소리와 함께 뜨거운 공기가 기구의 볼록한 주머니 속을 채우기 시작한다. 곧이어 밀도

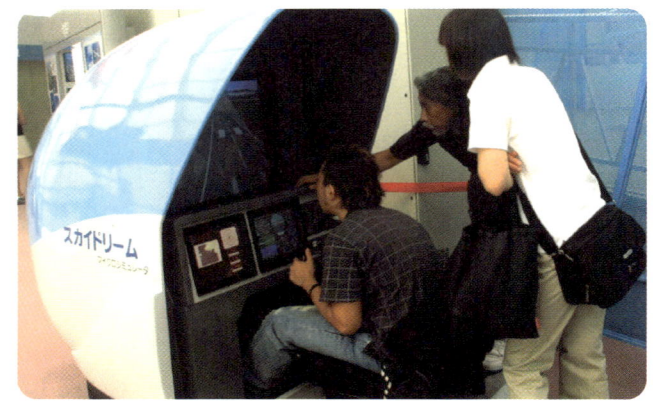

과학관에서도 컴퓨터 게임을 즐길 수 있다? 비행기를 직접 이륙시켜 볼 수 있는 시뮬레이터는 어른들에게 더 인기다.

가 낮아진 기구는 공기의 부력을 받아 천천히 하늘로 올라간다. 아르키메데스의 부력은 물 속이 아닌 공기 중에서도 여전히 유효했다. 물 위에 배가 뜨는 원리와 기구가 하늘을 부유하는 원리는 근본적으로 같다. 하지만 사람들은 이 자명한 사실을 깨닫는 데 자그마치 1,900년이란 시간을 기다려야만 했다.

발견의 실마리는 모닥불 위로 상승하는 연기와 이를 타고 날아오른 작은 헝겊 조각이었다. 몽골피에 형제는 아무도 신경 쓰지 않았던 이 평범한 현상 속에서 비범한 통찰력을 발휘했고, 뜨거운 연기를 채워넣은 기구에 닭과 오리를 태워 프랑스 파리의 하늘 위로 올려 보냈다. 재미난 것은 연기가 식어 몽골피에의 기구가 추락하자 마을 주민들이 쟁기와 도끼를 들고 몰려와 기구를 부수고 불살랐는데, 난생 처음 보는 물체가 오리와 함께 하늘에서 뚝 떨어지니 이를 악마가 보낸 불길한 징조로 여겼던 것이다.

비행기는 왜 뜰까?

기구를 지나자 드디어 베르누이의 연구실이라는 전시 부스가 나타났다. 베르누이는 300톤의 보잉 747기를 하늘로 날아오르게 만든 힘의 원천을 밝혀낸 사람으로, 유체의 속도가 빠를수록 압력은 작아진다는 베르누이의 정리를 발견한 장본인이다.

  19세기 후반 오토 릴리엔탈이 베르누이의 정리를 이용해 16제곱미터의 날개로 양력(揚力)을 받는 글라이더를 발명하기 전까지, 인류는 고정된 날개로 하늘을 날 수 있다는 생각을 하지 못했다. 만유인력의 법칙으로 우주의 운행을 설명했던 뉴턴 시대의 사람들은 새처럼 날개를 퍼덕거리는 장치로 비행을 시도했던 것이 고작이었다. 헬리콥터의 원형을 스케치로 남긴 레오나르도 다빈치조차 인간의 팔과 어깨근육 대신 양력을 이용한 고정날개 비행기를 상상하진 못했다. 사람들은 거대한 날개를 퍼덕거리며 교회의 종탑과 절벽에서 뛰어내리고 또 뛰어내렸다. 인간 신체의 밀도가 새와는 근본적으로 달라 날개를 퍼덕거리는 방식으로는 절대로 날 수 없다는 사실을 몰랐던 것이다.

  집채만한 비행기를 하늘에 띄우는 양력, 즉 베르누이의 정리는 사실 티끌보다도 작은 수인 옹스트롬의 (10^{-10}m) 공기분자들이 만들어내는 힘이다. 가만히 정지해 있는 듯한 공기분자는 엄청난 속도로 위아래앞뒤좌우로 무작위적 운동을 하는데, 우리가 느끼는 기압의 본질은 이렇게 사방팔방으로 좌충우돌하는 공기분자와의 충돌이라 할 수 있다. 따라서 공기의 압력이 높다는 것은 그만큼 공기분자와의 충돌이 많이 일어난다는 뜻이다.

베르누이의 연구실. 반구형 관 속에 공을 넣고 버튼을 누르면 공기가 관벽을 타고 빠르게 분출되어 손으로 잡고 있지 않아도 공이 떠 있는 것을 볼 수 있다.

그런데 만약 공기분자의 무작위적 운동이 한쪽 방향으로 정렬하게 된다면 어떻게 될까? 만취한 사람처럼 비틀거리며 예측할 수 없는 움직임을 보이던 공기분자들이 조금씩 한 방향으로 전진한다면? 바로 바람이다. 바람이 분다는 말은 공기분자들이 흐른다는 말을 아주 조금 다르게 표현한 것뿐이다. 따라서 바람이 강하게 분다는 것은 공기분자의 흐름이 빨라진다는 말이고, 공기분자들의 움직임이 한 방향으로 정렬되는 정도가 강해진다는 뜻이기도 하다.

결국 베르누이의 정리에서 유체의 흐름이 빠르다는 이야기는 입자들의 무작위적 움직임이 한쪽 방향으로 정리된다는 이야기다. 비행기 날개 위의 공기분자들이 날개에 충돌하는 대신에 날개를 타고 뒤로 빠지면서 상대적으로 날개를 위에서 내리누르는 압력이 낮아지는 것이다.

비행기의 날개를 보면 윗면은 볼록하고 아랫면은 편평한 것을 알 수 있다. 이러한 구조 덕분에 비행기 날개의 윗면을 흐르는 공기의 속도는 아랫면보다 빨라지고, 날개 위쪽의 정렬된 공기분자들과 날개 윗면과의 충돌은 점점 줄어든다. 이렇게 위에서 아래로 내리누르는 공기분자들의 충돌이 적어지면서 날개 위쪽의 압력은 아래쪽보다 낮아진다. 결국 이러한 압력의 차이가 비행기를 아래에서 위로 떠받들어 하늘로 날아오를 수 있게 하는 양력을 만들어내는 것이다.

베르누이의 실험실 앞에는 상식을 뒤엎는 신기한 전시물이 하나 있다. 공기를 뿜어내는 관 속에 공을 넣으면 그 공이 공중으로 떠오르는 기구다. 언뜻 보기엔 바닥을 향해 분출되는 공기가 공을 밀쳐낼 것만 같은데, 실제로 공은 반구형 관 속에서 떨어지지 않고 그대로 공중에 떠오른다. 반구형 관과 공 사이로 공기가 빠르게 흐르면서, 기류의 속도가 상대적으로 빠른 위쪽의 압력이 아래쪽보다 낮아지기 때문이다.

베르누이의 정리를 체험할 수 있는 기막힌 실험기구라는 생각이 드는 순간, 초등학교 1,2학년 정도 되어 보이는 아이들이 계속해서 공을 관에 밀착시켜 튕겨져 나가게 만들었다. 공을 관에서 조금 떨어뜨려 놓아야 한다고 손짓 발짓 다 해가며 설명해보아도 아이들은 잘 이해가 안 되는지

∷ 세계의 위대한 파일럿을 기념하다.

고개만 갸우뚱거린다. 바람이 불어오는데도 공이 떠 있다니, 언뜻 보기엔 상식과 다른 베르누이의 정리가 어린아이들에겐 그리 쉽게 받아들여지지 않는 모양이다. 아마도 처음으로 비행기를 보았던 사람들 역시 이 아이들처럼 고개를 절레절레 흔들지 않았을까? 날갯짓도 없이 하늘로 떠오르는 쇳덩어리라니.

라이트 형제의 성공이 있기까지

'라이트 자전거 회사'라는 부스가 있다. 이곳에서는 인류 최초의 비행이 있기까지 새가 되고자 했던 사람들의 눈물어린 노력을 9분 길이의 영상으로 감상할 수 있었다. 도쿄에서 도코로자와까지, 또 이곳 항공기념공원의 항공발상기념관까지 무더위 속 강행군으로 녹초가 된 우리는 잠시 의자에 앉아 흑백의 화면을 응시했다.

∷
'라이트 자전거 회사' 부스에서는 다빈치에서 라이트 형제까지, 날고자하는 인간의 처절한(?) 몸부림을 감상할 수 있다.

홍겨운 음악과 함께 어색한 인조 날개를 퍼덕거리는 사람들. 모두들 처음엔 힘차게 공중으로 뛰어올랐다가 1초도 안 되어 힘없이 땅에 고꾸라지고 말았다. 엄지손가락을 치켜세우며 자신만만하게 비행기에 오르던 콧수염 신사의 자유낙하 비행은 우스꽝스러운 찰리 채플린식 코미디를 보는 듯했다. 그렇게 실패만 하던 사람

::
공원의 모습을 한눈에 볼 수 있도록 커다란 유리벽으로 둘러싸인 격납고.
도코로자와 상공에서 춤추던 비행기들이 날개를 쉬고 있다.

들을 보며 한참을 웃던 사이, 장중한 음악이 흐르며 드디어 인류 최초의 글라이더가 하늘을 미끄러지며 활강에 성공한다. 이어지는 오빌 라이트의 12초 동안의 짧은 비행. 성우의 일본말을 알아들을 수는 없었지만, 휙휙 지나가는 실패한 비행의 기록들 덕에 기분 좋게 웃었던 재미난 다큐멘터리였다. 베르누이의 정리를 이용해 인류 최초의 글라이더를 만들었던 오토 릴리엔탈은 이런 말을 남겼다고 한다.

"희생은 반드시 따르기 마련이다."

이야기가 있는 박물관

항공발상기념관은 비행기라는 하나의 테마로만 이루어진 과학관이다. 으레 떠올리는 화려한 건물과 웅장한 부대시설은 찾아볼 수 없다. 그렇지만 비행이라는 하나의 주제를 머릿속에 넣어두고, 생각의 흐름을 천천히 밟아가며 관람하는 재미가 있다. 박물관의 전시물을 따라 걷노라면 자연의 원리에서 비행의 실마리를 얻고, 이를 발전시켜나가는 사람들의 지혜가 하나하나 샘물처럼 솟아나는 걸 느낄 수 있다.

전시란 유물 자체를 그대로 보여주는 것을 넘어선, 그들 사이의 관계를 규정짓는 작업이다. 역사가 사실이라는 땅 위에서 자라난 이야기인 것처럼, 박물관 역시 사람들에게 이야기를 들려줄 수 있어야 한다. 유물이라는 단어를 재료로 문장을 짓고 이야기를 만들어야 한다. 수많은 과학관이 최첨단 전시물과 거대한 규모에 집착하지만, 그들 사이를 흐르는 매력적인 이야기 없이는 관람객에게 아무런 울림도 전달할 수 없다.

그런 점에서 항공발상기념관은 잘 조직된 박물관이다. 자연의 비행원리와 인류 최초의 비행, 그리고 일본 최초의 비행기까지 하늘을 날고자 하는 사람들의 드라마가 9분짜리 흑백 화면처럼 항공발상기념관의 구석구석에 넘쳐 흐르고 있었다.

평화로운 하늘

항공발상기념관은 일본의 항공 역사로 꾸며진 방을 마지막으로 끝을 맺고, 조금은 어두웠던 전시관이 실물 비행기와 헬리콥터가 전시된 격납고로 이어졌다. 높다란 천장의 격납고엔 한쪽 방향을 향해 정렬해 있는 10여 대의 비행기가 있었다. 스틴슨 L-5E, 카와사키 KAL-2, HU-1B, 휴지 OH-6J, 시코르스키 H-19 등, 낯선 비행기의 편대를 응시하는 것만으로도 가슴이 탁 트이는 것 같았다. 시원스런 햇빛이 들어오는 통유리 벽 너머로 넓은 잔디밭에 맞닿은 파란 하늘이 보였다.

항공발상기념관을 나와 하루 일과를 마치고 산책을 하는 이곳 사람들 틈에 끼었다. 30년이 넘는 세월 동안 비행장이었던 곳인 만큼 공원은 생각보다 넓었고, 조그만 언덕 하나 없는 평지가 이어졌다. 아마도 도코로자와를 점령한 미군이 심었을 법한 나무들만이 열을 지어 솟아 있었는데, 수령이 제법 나가는 듯 키가 컸다. 한국에서는 쉽게 볼 수 없는 그런 거목들이었다. 공원의 무성한 잔디밭은 그렇게 바둑판 무늬처럼 네모반듯하게 공원을 가르는 한 줄의 키다리 나무들로 둘러싸여 있었다. 덕분에 이곳에선 더 이상 비행기가 이륙할 만한 공간을 찾을 수 없었다. 아마도 전투기의 이착륙을 막으려는 점령군의 뜻이었을 것이다.

다섯 시를 넘기며 따가운 햇살이 조금은 수그러들었다. 나른한 여름날 저녁 하늘 아래 그렇게 할 일 없이 벤치에 앉아 있는 것도 바쁜 여행객에게는 색다른 경험이 된다. 여객기가 전투기로 전투기가 여객기로 뒤바뀌는 아이러니컬한 세상. 과거 기관총으로 무장한 비행기가 이륙하던 이곳은 지금, 한가한 오후를 즐기는 평화로운 공원이 되었다. 푸른 잔디밭 위에서 춤을 추는 여자 아이들의 머리 위로 종이비행기를 닮은 하얀 구름이 떠 있었다.

도코로자와 항공발상 기념관 http://tam-web.jsf.or.jp/cont/index.htm

- 주소   사이타마현 도코로자와시 나미기 1-13(埼玉県所沢市並木 1-13)
- 교통   전철 세이부 신주쿠선 항공공원 역에서 도보 8분
- 전화   04-2996-2225
- 개관   오전 9시 30분~ 오후 5시
- 휴관   매주 월요일(축일과 겹치는 날은 그 다음날), 연말(12월29일~ 1월1일)

03

물이 되는 꿈

: 가이유칸

물속에 몸을 묻는다. 허전했던 몸의 구석구석, 공허했던 공간으로 물이 밀려온다. 세포와 세포 사이가 촉촉이 젖어드는 충만감. 욕조에 몸을 담고 눈을 감으면, 내가 차지하던 딱 그만큼의 삶의 무게가 물 위로 떠오를 것만 같다.

양수에서 태어났기 때문일까? 굳이 머릿속으로 생명의 기원을 따지지 않아도 물속에서 느껴지는 묘한 쾌감은 인간의 본능적 육감이다. 건물 전체가 거대한 수족관으로 이루어진 이곳, 가이유칸의 통로를 걸으며 나를 둘러싼 공간의 매질이 공기가 아닌 물이었다면 어떨까 상상해본다.

물속으로 들어가는 길

아주 조금 남쪽으로 왔을 뿐인데, 오사카의 태양은 도쿄의 그것과 비교

"만타레이, 너는 그 속에서 무슨 생각을 하고 있니?"

할 수 없을 만큼 뜨거웠다. 다행히 오늘 우리의 목적지는 동양 최대 규모의 실내 수족관인 가이유칸. 에어컨이 빵빵하게 나오길 기대하며 신사이바시의 숙소를 나섰다.

가이유칸은 해변에 맞닿아 있었다. 빨강파랑 원색으로 단장한 성곽 모양의 수족관이 바다 위로 솟은 바위섬처럼 보였다. 웬만한 오페라하우스 규모인 8층짜리 빌딩은 그 자체가 물 반 고기 반인 대형 수족관이다. 애초에 수족관을 위해 설계된 건물이다 보니, 식당과 쇼핑센터 등의 부대시설은 별도의 건물로 분리되어 있었다.

수족관 앞 광장에선 거대한 기계가 얼음 가루를 쏟아냈다. 수북이 쌓인 얼음 언덕엔 이벤트 진행요원들이 뿌린 알록달록한 사탕들이 파묻혀 있었다. 꼬마들과 함께 얼음 속을 헤치고 싶은 충동을 억누르고 대신 근처 쇼핑몰에 들러 아이스커피 한 잔을 들이킨 뒤 드디어 가이유칸으로

바다를 가득 담고 있는 가이유칸은 밤이면 더욱 화려하게 치장한다.

입성했다. 아이들이 가득 찬 입구를 무사통과한 뒤 한국어 음성안내 키트인 '아쿠아-나비'를 하나 대여했다. 300엔이라는 가격이 조금 부담스럽긴 했지만, 관련 부스 앞에 서면 자동으로 흘러나오는 아쿠아-나비의 알찬 설명은 수족관을 둘러보는 재미를 더해주었다.

가이유칸의 입구는 물로 둘러싸인 아치형 투명 수족관으로, 마치 바다 한가운데를 지나가는 듯한 느낌을 주었다. 송사리처럼 작은 물고기들이 가득한 푸른 터널 속에서, 가오리가 하얀 배를 보이며 스치듯 천장을 헤엄치고 있었다. 터널을 지나 기다란 줄이 늘어선 에스컬레이터에 올랐다. 가이유칸은 꼭대기부터 아래로 내려오며 관람하도록 동선이 짜여 있다. 제법 오랜 시간 동안 이어지는 에스컬레이터의 행렬. 환태평양 일대의 해양생물을 1,100톤에 이르는 14개의 대형 수조에 재현해놓았다는 가이유칸의 규모가 느껴졌다.

수족관의 첫 번째 코너는 가이유칸 꼭대기에 있는 유리 온실이었다.

바깥에서 보았던 건물의 거대한 유리벽이 아마도 이곳인 듯했다. '일본의 숲'이란 제목의 유리 온실은 말 그대로 하나의 작은 숲이었다. 느티나무와 단풍나무를 비롯한 일본의 수목 250여 그루가 우거져 있었고 그 사이로 시냇물이 흘렀다. '일본의 숲'은 인위적인 관리를 최소화하고 스스로 살아갈 수 있는 자기 완결적인 생태계를 모토로 하고 있었다.

이곳에선 일본의 야생 조류를 볼 수 있다는데 간간히 푸드득거리는 소리만 들릴 뿐 새들의 모습은 볼 수 없었다. 대신 그곳엔 수달이 있었다. 이미 멸종한 일본의 수달을 대신해 동남아에서 건너온 수달 가족은 웅덩이와 뭍을 오가며 분주하게 움직이고 있었다. 조그마한 녀석들의 날랜 움직임이 꽤나 깜찍했다.

수달이 있는 계곡 옆으로는 수족관으로 내려가는 계단이 있었다. 숲의 계곡을 따라 땅 밑으로 내려가는 느낌을 주기 위해서인지 계단 옆으로는 유

1 해저터널 입구를 지나면 636미터 거리의 가이유칸 탐사가 시작된다.
2 수족관의 첫 풍경은 바다가 아닌 일본의 숲!

1 물가로 나온 수달. 세수하러 왔을까, 목이 말라 왔을까?
2 가이유칸에서는 물위와 물속의 생태계를 한눈에 볼 수 있다.

 리 온실의 인공 암벽을 타고 물이 흘러내렸다. 가이유칸의 바닥 곳곳에는 수심이 적혀 있었는데 옥상에 숲을 마련한 이유 역시 땅 위에서부터 바다 속으로 내려가는 해저여행의 느낌을 주기 위한 하나의 장치인 듯했다.

 동굴 입구처럼 생긴 계단을 내려가니 드디어 물속 세상을 들여다볼 수 있는 수조들이 나왔다. 방금 전 만났던 수달 가족의 헤엄치는 모습과 물고기를 사냥하는 모습이 수면 아래라는 시점에서 새롭게 펼쳐졌다. 가이유칸에선 통로를 따라 아래로 내려가면서 하나의 수족관을 다양한 높이에서 관찰할 수 있다. 덕분에 동물들의 생활을 다양한 각도에서 입체적으로 바라볼 수 있어 관람하는 재미가 쏠쏠하다. 이밖에도 가이유칸은 하나의 종을 하나의 수조에 전시하던 과거의 관습에서 벗어나 한 지역에 사는 수중생물들을 하나의 큰 수조에서 함께 기르고 있었다. 동물들이 가능한 한 자생지와 비슷한 환경 속에서 살 수 있도록 배려한 것이라고 한다.

'물 좋은' 수족관을 위하여

'이곳은 알류시안 열도입니다'라는 아쿠아-나비의 안내 멘트와 함께 유리창 너머로 두 마리의 해달이 보였다. 배 위에 돌을 올려놓고 조개를 쪼개 먹는 해달의 습성 그대로 녀석들은 쉬지 않고 짤막한 팔을 움직였다. 심지어 조개도 없고 돌도 없는 상황에서도 해달은 수면으로 떠올라 배를 하늘로 향한 채 특유의 동작을 선보였다.

'해달의 몸에는 1제곱센티미터당 10만 개의 털이 빼곡히 나 있습니다. 수북한 털옷을 입은 덕분에 해달은 두꺼운 피하지방 없이도 추운 바다에서 잘 살 수 있는 것이죠.' 아쿠아-나비의 설명대로라면 해달은 새끼손톱만한 면적에 사람의 머리카락 수와 맞먹는 10만 개의 털을 몸에 두르고 다니는 셈이었다. 오동통 살이 오른 것처럼 보이는 해달은 사실 두꺼운 털옷만 입었을 뿐이지 실제론 피하 지방이 얼마 없는 비쩍 마른 생쥐와 닮았단다. 해달의 털을 싸악 밀면 드러날 앙상하고 가녀린 모습이 떠올라 피식 웃음이 났다.

이어지는 몬타레이만 수조에선 강치와 바다표범이 정신없이 움직이고 있었다. 몸집도 비슷하고 생김새도 유사한 녀석들은 누가 누구인지 구

먹이를 받아먹는 해달. 먹이 주는 시간에 맞춰 수족관을 방문하면 색다른 재미가 있다.

별하기가 쉽지 않았다. 도대체 누가 강치고 누가 바다표범일까? 역시나 이번에도 아쿠아-나비에서 흘러나오는 어색한 발음의 아가씨가 도움을 주었다. "바다표범은 온몸에 표범처럼 점이 나 있고 귓바퀴가 없지만, 강치는 몸에 점이 없고 귓바퀴가 있어 쉽게 구별할 수 있습니다. 바다표범은 성격이 예민해서 함께 사는 강치를 괴롭히기도 합니다. 그래서 온순한 성격의 강치를 위해 가이유칸에서는 바다표범이 먹지 않는 토막난 생선을 강치의 먹이로 따로 주고 있습니다."

 100킬로그램쯤 되는 육중한 덩치의 강치와 바다표범이 물을 가를 때마다 수조의 수면이 출렁거렸다. 이 거대한 포유류들이 머물고 있는 수조의 물은 다른 곳보다 조금 탁해 보였다. 아마도 육중한 몸이 배출하는 오물로 인한 오염이 어류의 그것과 비교할 수 없이 심한가보다. 사실 강치나 바다표범, 돌고래처럼 폐로 호흡을 하는 포유동물들은 아가미 호흡을 하는 물고기보다 수조의 물에 덜 민감한 편이라서, 소금의 농도만 바닷물과 비슷하게 맞추어주면 살아가는 데 별다른 지장이 없다고 한다.

가이유칸처럼 거대한 수족관을 유지하기 위해서는 체계적인 물관리가 필수적이다. 무엇보다도 수조에는 화장실이 따로 없기 때문에 동물들이 뿜어내는 암모니아를 재빨리 처리해야 한다. 암모니아는 매우 낮은 농도에서도 강한 독성을 띠기 때문이다. 이를 위해서는 다양한 방법들이 있지만 근본적으로는 물을 꾸준히 새로운 물로 갈아주는 수밖에 없다. 인간의 기술로 자연의 일부를 재현해보았지만, 이곳 가이유칸은 여전히 자연과 연결되지 않고서는 유지될 수 없는 인공 수조인 셈이다.

 수족관을 유지하는 일은 생각보다 복잡한데, 바닷물을 끌어와 수조에

담는 것부터가 간단하지 않다. 따개비나 홍합과 같은 생물들이 바닷물을 끌어오는 관에 달라붙기 때문에 관이 두 개 이상은 있어야 한다. 보통은 일주일씩 교대로 사용하면서 사용하지 않는 관은 바싹 말린다. 이렇게 하면 관의 표면에 붙어 있던 홍합이나 따개비가 모두 말라서 죽어버리므로 파이프를 온전하게 보존할 수 있다. 또 수족관에서는 쇠로 만든 파이프를 사용할 수 없는데, 쇠에서 나오는 미량의 독성 물질이 물고기들이 살아가는 데 치명적인 영향을 주기 때문이다. 그래서 수족관에 공기를 공급하고 물을 순

수조 내부를 청소하는 잠수부. 수조 안에서는 우리가 어떻게 보일까.

환시키기 위해 사용하는 파이프는 유리관 또는 가소제를 넣지 않은 폴리염화비닐수지로 만든 것이라야 한다. 이밖에도 물을 정화하는 여과기, 공기를 넣어주는 공기펌프, 온도를 일정하게 유지해주는 전열기와 냉각기 등 다양한 시설들이 물탱크와 관들로 복잡하게 얽혀서 수족관의 자동 수질제어 시스템을 형성하고 있다.

　이처럼 복잡한 과정이 필요하기 때문일까? 지금과 같은 수족관이 탄생한 것은 동식물의 호흡에 관한 메커니즘이 밝혀지기 시작한 19세기 중반부터였다. 기록에 따르면 고대 이집트나 아시리아 시대에도 물고기를

가이유칸 대형 수조의 유리벽 두께는 무려 30센티미터. 이 정도 두께는 되어야 수조 내부의 수압을 버텨낼 수 있다.

키웠다고 하는데 작은 물웅덩이 수준이었을 뿐 지금과 같은 거대한 수족관과는 거리가 멀었다고 한다.

물이 되는 꿈

수조로 둘러싸인 길을 따라서 아래로 내려갈수록 점점 더 깊은 바다와 커다란 물고기들이 그 모습을 드러냈다. 거대한 중앙 수조에서 유유히 헤엄치는 고래상어와 레퀴엠상어, 그밖에 많은 대형 어류들. 차가운 심해의 수조와 온도를 맞추기 위해서인지 관람 통로의 벽에 걸린 온도계는 바깥 기온보다 무려 20℃나 낮은 11.8℃를 가리키고 있었다. 반팔 셔츠 밖으로 나온 팔의 털이 곤두설 만큼 쌀쌀한 공기가 뱃속까지 차갑게 만들어 바짝 긴장이 될 정도였다.

동물원에서 가장 볼 만한 것이 사자나 호랑이 같은 맹수이듯, 수족관의 대단원을 장식하는 것은 언제나 날카로운 이빨과 삼각의 지느러미로

1 산호초로 꾸며진 수조를 감상하는 사람들.
2 유유히 물살을 가르는 바다거북.

물살을 가르는 상어일 것이다. '빠아—밤 빠아—밤' 머릿속을 웅웅거리는 죠스의 주제가와 함께 상어가 등장할 것만 같은 긴장감이 감돌 줄 알았건만. 두꺼운 아크릴 너머 저쪽에서 답답할 정도로 한가하게 헤엄을 즐기고 있는 5미터짜리 식인 물고기는 너무나 평화로워 보였다.

등골이 오싹해야 할 상어와의 만남은 엉뚱하게도 피부 깊숙이 스며드는 차가운 물의 청량감과 같은 묘한 쾌감으로 다가왔다. 거대하고 푸른 물의 벽이 내 키를 훌쩍 넘어 마치 모세의 기적을 이룬 듯 수직으로 선 광경. 중력이 사라진 듯 대형 수조 안에서 천천히 머리 위를 흘러가는 거대한 물고기들. 발을 땅에 붙인 채 살아가는 우리에겐 낯선 공간이었다. 분주한 날갯짓과 함께 빠르게 사라지는 새들과는 달리 짙푸른 공간 속에 정지한 듯 여유를 부리는 1.4톤의 생명체. 상어를 바라보는 재미는 그렇게 머리 위로 발바닥 밑으로, 좌우가 아닌 위아래로 가득 들어찬 세계를 만난 데 있었다.

인간을 비롯한 포유류의 시야는 좌우를 폭넓게 살필 수는 있으되 위아

수족관의 하이라이트, 상어를 보기 위에 모여든 사람들.

래를 구별하는 감각은 발달시키지는 못했다. 사실 우리가 인식하는 삼차원 공간이란 우리의 손이 닿을 수 있는 딱 그 정도의 높이일 뿐이다. 인간이란 아무리 높은 빌딩을 짓더라도 자신들을 둘러싼 공간만큼은 2, 3미터 남짓한 층들로 나누어버리는, 그렇게 제한된 영역만을 인지한 채 살아가는, 나란히 놓인 두 개의 눈을 가진 생명체인 것이다. 어쩌면 사람들은 삼차원을 가장한 이차원 평면 위에서 살아가고 있는지도 모른다.

수족관은 우리에게 새로운 공간을, 부력의 힘을 빌어 중력을 거스르는 공간의 삶을 잠시나마 느끼게 해준다. 수조의 높이가 높을수록 물의 깊이가 깊을수록 더욱더 강렬한 푸른 쾌감이 우리를 감싸안는다. 수족관에서 느껴지는 까닭모를 신비감은 주름진 뇌 위로 새겨지는 새로운 공간의 감각이었다.

1 커다란 수조 너머를 바라보는 사람들이 바다의 일부처럼 느껴진다.
2 사람 키의 두세 배는 될 것 같은 수초들.

거친 생선, 웃긴 생선

중앙 수조에는 상어와 함께 살아가는 용감한 다랑어 무리들도 있었다. 통조림이나 횟감으로 익숙한 참치의 주인공들은 역시나 탄력 있고 통통한 몸매를 뽐냈다. 언뜻 보면 뚱뚱한 몸에 굼뜨게 생긴 듯하지만, 어디 우리가 먹는 참치 통조림에 돼지고기에서나 보이는 허연 지방이 있었던가. 녀석들은 온몸이 근육덩어리로 덮여 있는데다 상당히 날렵한 움직임을 보이는데 최고 시속 100킬로미터까지 헤엄칠 수 있다니 놀라울 뿐이었다. 재미난 것은 다랑어의 탱탱한 근육질 바디라인이 목숨을 건 꾸준한 운동 덕분이라는 것이다. 다랑어는 흐르는 물을 마셔야만 호흡을 할 수 있기 때문에 녀석들에게 헤엄치지 않는다는 것은 곧 죽음을 뜻한다. 덕분에 자면서도 숨쉬기 위해 몸과 꼬리지느러미를 S자로 흔드는 웨이브 댄스를 멈출 수 없는 것이다.

어벙하게 생긴 모습과는 달리 성격은 상당히 거친데, 다랑어는 잡자마자 급속 냉동하지 않으면 온몸을 펄떡이며 체온을 60℃까지 끌어올려 몸의 조직을 스스로 파괴시켜버린단다. 아니나 다를까 다랑어는 농어목 고등어과로, 그물에 걸리면 분에 못 이겨 이내 죽어버리는 고등어와 사촌지간이라 할 수 있다.

가이유칸의 바닥으로 내려오는 길, 조금은 지루한 느낌이 들려는 찰나, 희한하게 생긴 물고기가 한 번 더 눈길을 끌었다. 일본어로는 만보, 우리말로는 개복치라는 이름을 가진 'mola mola'라는 학명의 물고기였다.

어쨌든 개복치는 좌우로 납작한 상하 대칭의 몸을 가지고 있으며 지느러미는 몸의 뒤쪽에 양 팔을 벌린 듯 위아래로 높게 펼쳐져 있다. 비록 몸길이가 4미터에 달하는 거구이지만, 〈툼 레이더〉의 안젤리나 졸리처럼

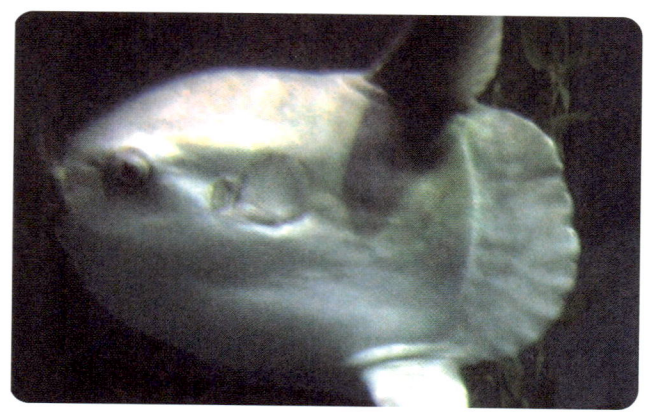

졸린 듯 귀여운 표정의 개복치.

한 꺼풀 뒤집어놓은 듯한 두꺼운 입술과 바로 그 옆에 구슬처럼 달린 땡그란 눈은 개복치의 인상을 너무나 코믹하게 만들었다. 게다가 몸통 양옆에 나 있는 지느러미는 거대한 몸집과 조화를 이루지 못하는 앙증맞은 크기로 마치 과장된 신체 비율의 만화 캐릭터를 보는 듯했다.

가이유칸의 바닥, 마지막 전시관에선 거미게가 어둡고 짙은 푸른색 조명의 수조 안에서 기어다니고 있었다. 거미게가 서식하는 일본 해구는 태평양판과 유라시아판이 만나는 지점으로 지각이 맨틀 속으로 끌려 들어가며 형성된 바다 속 계곡이라 할 수 있다. 가장 깊은 곳의 수심은 에베레스트 산의 높이와 맞먹는 8,000미터에 이른다고 한다. 거미게는 다 자란 성체의 크기가 4미터에 달하는 세상에서 가장 큰 게로, 길쭉길쭉 뻗은 다리가 몸통보다 훨씬 커서 게라기보다 바다에 사는 거미처럼 보였다. 가끔 그물에 걸려 사람들에게 잡히기도 하는데, 워낙 크다 보니 거미게의 등껍질이 부적의 재료로 쓰이기도 한다고.

::
바다에 사는 거미 '거미게'. 이놈들이 거미줄을 쳐 바다 속을 어지럽힐 것이라는 걱정은 덮어두시길.

도시라는 이름의 수족관

가이유칸에서 바다 속 풍경을 감상한 뒤, 우리는 저녁도 거른 채 오사카의 야경을 한눈에 내려다볼 수 있는 공중공원으로 향했다. 공중공원은 오사카 역 근처에 위치한 우메다 스카이 빌딩의 전망대로 한 항공사 광고의 배경장소로도 활용되었던 곳이다. 이곳에 올라가려면 가운데가 뻥 뚫린 쌍둥이 건물 사이를 관통하는 긴 터널을 지나야 했다. 가이유칸에서 유리 온실로 올라갔던 것처럼, 우리는 오사카를 바라보기 위해 에스컬레이터에 몸을 실었다.

　사방이 탁 트인 전망대에 서자 거센 바람이 불었다. 수족관의 물을 갈

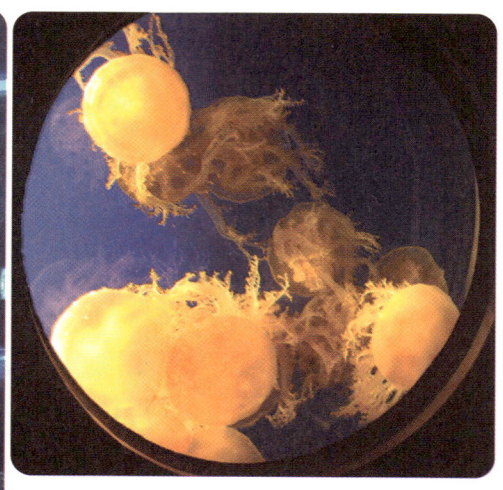

:: 형형색색의 해파리 수조는 가이유칸의 또 다른 매력.

아주듯, 바람은 그렇게 도시가 뿜어낸 매연을 어디론가 날려보내고 있었다. 마치 수족관을 헤엄치는 물고기들처럼, 색색의 불빛들이 저마다의 궤적을 따라 분주히 움직이고 있었다. 반짝이던 도시의 가로등과 자동차의 불빛은 깊이를 알 수 없는 검은 하늘 속으로 스며들었다. 어둠이 도시를 감싸안는 듯한 착각. 수족관을 가득 채웠던 거대한 물의 벽처럼, 오사카의 하늘은 그렇게 겨드랑이 사이를 파고드는 바람과 머리 위로 드리운 어둠으로 가득 채워져 있었다.

가이유칸 www.kaiyukan.com

- **주소** | 오사카시 미나토구 카이간도리1 해유관 · 텐포잔 마켓 플레이스(大阪市港区海岸通1 海遊館 · 天保山マーケットプレース)
- **교통** | 오사카 시영 지하철 중앙선 오사카항 역 하차 도보 5분
- **전화** | 06-6576-5501
- **개관** | 오전 10시 ~ 오후 8시
- **휴관** | 해마다 변동, 웹사이트 참조.

04

꿈을 파는
문방구

: 군마천문대

군마천문대로 가는 길. 산사에 오르듯 산허리를 감싼 나무계단을 밟는다. 82번째 계단 옆 사진 속으로 해왕성이 보인다. 태양에 다다르려면 아직 440개의 계단을 더 올라야 한다. 나뭇가지에 매달린 자그만 풍경이 찰랑인다. 바람에 스치는 나뭇잎 소리가 시원하다. 드디어 마지막 계단, 태양이다. 나무 한 그루 없이 탁 트인 잔디밭. 군마천문대는 하늘과 맞닿은 산마루에 자리하고 있었다.

별 보러 가는 길

별 보러 가는 날, 때맞춰 짙은 먹구름이 하늘을 가리더니만 역시나 일이 꼬이고 말았다. 우리가 보낸 인터뷰 요청 이메일을 군마천문대에서 받아보지 못했다는 것이다. 하지만 여기서 물러설 수는 없는 노릇. 한국에서

군마천문대.

 온 대학생들이며, 오늘이 아니면 다시 군마천문대를 찾아올 시간이 없다. 역에서 여기까지 오는 대중교통 수단이 없어 무려 5,780엔이나 주고 택시를 타고 왔다. 간단한 질문 몇 마디만 하겠다. 군마천문대가 일본의 시민천문대 중에서 가장 시설이 좋지 않느냐며 이야기하기를 몇 분. 드디어 직급이 꽤 높아 보이는 사람이 나타났다. 가슴에 달고 있는 명찰엔 'Chief' 라는 글자가 선명히 박혀 있었고 그 옆으로 '다쿠미 구라타' 라는 이름이 보였다. 조금은 무서워 보이는 인상의 다쿠미 씨는 양 미간을 살짝 오므리며 숨죽이고 있던 우리에게 한 마디를 건넸다.
 "OK."
 시민천문대는 말 그대로 시민을 위해 개방된 천문대다. 일본에는 무려 200여 개가 넘는 시민천문대가 있다고 한다. 지금 우리가 서 있는 이곳 군마천문대는 1999년 문을 열었다. 비교적 최근에 지어진 시민천문대답게 1.5미터짜리 대형 반사망원경을 비롯한 다수의 망원경을 풍부하게 보유하고 있어 과학자들에겐 연구의 장을, 시민에겐 도시에서 별을 바라볼 수 있는 흔치않은 기회를 제공하고 있었다.

군마천문대가 지어질 무렵 군마현에선 한 가지 조례를 마련했다고 한다. 이름하여 'Lighting Environmental Ordinance'. 아무리 도시의 불빛을 피해 산 위로 올라왔다고는 하나 근처 다카야마 마을의 불빛도 엄연한 광공해의 원인이기 때문에 이를 규제한다는 것이다. 군마천문대가 별을 더 잘 볼 수 있도록 하기 위해서 말이다. 그래서 1998년 이래로 다카야마 마을의 불빛은 군마천문대의 수평선을 넘지 못하고 있다.

하늘로 향하는 확실한 통로

우리에게 OK 사인을 보냈던 바로 그분, 구라타 씨는 처음의 우려와는 달리 자세한 이야기를 곁들이며 천문대의 구석구석을 직접 안내해 주었다. 전자공학을 전공한 뒤 현재 이곳에서 엔지니어로 일하고 있다는 구라타

∷
군마천문대 앞마당. 현대식 천문대와 석제 관측기구가 어우러져 신비스런 분위기를 연출한다.

씨의 목소리에는 군마천문대에 대한 자부심이 묻어났다.

"군마천문대는 1999년 문을 열었고 현재 세 부류의 사람들이 생활하고 있습니다. 일반 사무직원과 석사 이상 학위를 소지한 연구원, 그리고 학교 선생님을 비롯한 외국인 대학원생이죠."

"작년엔 두 명의 학생을 베트남에서 받았습니다. 이 유학생들은 천체물리학과 천문관측장비의 사용법을 배우기 위해 이곳에 왔습니다. 이렇게 지난 5년 동안 20여 명의 천체물리학자, 테크니션들이 군마천문대를 거쳐 갔습니다. 이들 대부분은 현재 천체 전문가로 활동하고 있는데, 몇몇은 대학에 출강하기도 합니다."

한국에선 유학생을 받지 않느냐는 질문에 구라타 씨는 한국은 잘 사는 나라이기 때문에 우리가 도와주지 않아도 된다며 웃음을 지었다. 그는 동남아시아의 학생들과 군마천문대의 관계를 다음과 같이 설명해주었다.

"관련 교육시설이 열악한 나라의 학생들에게 기회를 제공하는 것이 가장 큰 목적입니다. 그렇지만 공부를 마치고 자국으로 돌아간 학생들이 일본의 천체관측장비를 다시 구입해 사용한다는 것도 간과할 수 없는 이유 중 하나죠. 그들이 배운 것은 일본의 천체관측기술이니까요."

순간 일본이 보유하고 있는 카메라와 렌즈, 전자기계의 세계적 브랜드 이름들이 머릿속에 떠올랐다. 세상에 공짜는 없는 법이라 하지 않았나. 유학생은 새로운 기술을 공부할 수 있어서 좋고, 일본 사람들은 잠재적인 고객을 확보할 수 있어서 좋으니 서로에게 도움이 되는 일일 것이다.

이번엔 시민천문대로서 군마천문대가 지니는 역할에 대해 물어보았다.

"군마천문대는 천체연구와 함께 일반 시민과 전문가의 교육을 담당하고 있습니다. 30~40여 개의 학교 학생들이 천문대를 정기적으로 방문해 교육을 받고 있죠. 선생님만을 위한 교육 프로그램도 따로 있는데, 올해에는 망원경 사용법에 대해 강의를 했고 작년에는 달을 주제로 한 프로그램을 운영했습니다. 저기 보이는 둥그런 기계가 제가 만든 갈릴레오란 녀석인데, 달의 모양이 변하는 원리를 이해하기 쉽도록 도와줍니다. 사람들이 좋아하던데요?"

군마천문대에는 매년 4, 5만 명의 사람들이 방문하는데, 방학이면 하루에 200~500명의 사람들이 찾을 때도 있다고 한다. 흥미로운 점은 매년 별을 보기 위해 천문대를 방문하는 4, 5만 명 중 60퍼센트가 어른이라는 사실이었다. 이들은 무언가를 배우러 오기보다는 오로지 별을 보기 위해 천문대를 방문한다고 했다. 하늘의 별에 대한 갈증은 나이가 들어도 가시지 않는 것일까? 군마천문대는 남녀노소를 불문한 모든 시민에게 하늘로 향하는 확실한 통로로 자리매김하고 있는 듯했다.

거대한 눈

간단한 인터뷰를 마치고 구라타 씨와 함께 군마천문대가 자랑하는 1.5미터짜리 반사망원경이 있는 돔으로 향했다. 망원경은 천문대 본관 건물과 따로 떨어진 별도의 돔에 위치하고 있었다. 엘리베이터를 타고 돔에 올라 문을 열자 에메랄드 색 소형 승용차만한, 육중한 몸매의 망원경이 눈에 들어왔다. 구라타 씨가 스태프로 보이는 사람들과 몇 마디를 나눈 뒤 우리에게 다가왔다. 아쉽지만 오늘은 망원경을 작동할 수 없다고 했다.

흔히 생각하는 것과 달리 이렇게 큰 망원경은 직접 눈으로 보지 않는다. 대신 망원경과 연결된 모니터로 별을 바라본다. 하지만 일반 시민의 기대에 부응하기 위해 주말이면 1.5미터 반사망원경의 접안렌즈에 직접 눈을 대고 하늘을 볼 수 있는 기회를 제공하고 있었다. 아무래도 직접 눈으로 보는 쪽이 더 근사해 보이기도 하거니와, 1.5미터짜리 거대한 눈을 통해 들어온 수만 광년을 여행한 별빛이 망막에 맺히는 느낌은 어딘가 특별한 구석이 있다.

  1.5미터 반사망원경은 단지 거울과 렌즈만으로 이루어진 것은 아니었다. 망원경을 떠받치고 있는 받침대를 비롯해 별빛을 분석하는 다양한 기구들이 반사거울을 중심으로 여기저기 붙어 있었다. 총 13억 엔에 달하는 망원경 제작비 가운데 부대장비 구성비가 무려 9억 엔이나 되고, 반사경과 경통에 해당하는 망원경 본체 제작비는 5억 엔 정도에 불과했다고 한다. 하기야 사람의 눈도 망원경의 거울에 해당하는 수정체보다는 수정체를 유지시켜주는 안구, 빛을 받아들이는 망막, 수정체의 두께를 조절해주는 근육, 수정체에 들어가는 빛의 양을 조절하는 홍채 등 부속 조직들을 더 많이 포함하고 있기는 하다.

  "군마천문대가 보유하고 있는 1.5미터짜리 대형망원경은 군마현 출신

:: 군마천문대의 1.5미터 주망원경은 흔히 보던 하얗고 미끈한 망원경과는 달리 경통 없이 뼈대를 드러내고 있다. 하늘을 향해 고개를 쳐든 모습에서 대포가 연상되기도 한다.

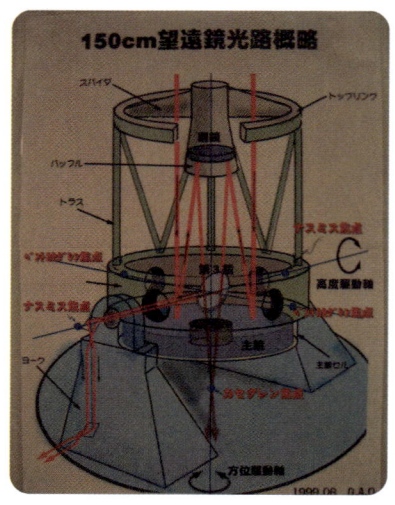

주망원경의 원리를 간략히 나타낸 그림. 빛의 경로는 붉은 선으로 나타냈다.

의 최초의 동양인 여성 우주비행사 무카이 박사를 기념하기 위해 만들어졌습니다. 제작비의 대부분은 군마현의 예산과 기업체가 지원했습니다. 재미난 것은 여기 보이는 망원경의 받침대 한쪽을 로또 기금에서 지원받은 약 1억 7천만 엔으로 만들었다는 것이죠."

망원경을 설명하며 신이 난 듯한 구라타 씨는 1.2미터를 넘어가는 반사경은 일본에서 제작할 수 없어 미국에서 주문을 했다고 말하며 망원경을 기울여 거울을 볼 수 있게 해주었다. 둥그런 4인용 식탁만한 거울은 약간 뿌옇게 흐려져 있었는데 정기적으로 전문업체를 불러 유리를 닦아주어야 한단다. 오염이 심하지 않을 경우 구라타 씨가 직접 닦기도 한다고.

"망원경은 원칙적으로 모든 시민에게 개방되어 있습니다. 아마추어는 1.5미터 반사망원경을 이용할 수 없지만 일정한 자격을 갖춘 프로가 연구 목적과 계획이 담긴 서류를 제출하면 언제든지 이용 가능합니다. 물론 예약은 필수지요. 하지만 보통의 망원경은 누구나 이용할 수 있습니다. 이곳 군마천문대엔 침대와 책상, 옷장이 완비된 숙박시설이 마련되어 있으니 별빛에 굶주린 사람들이라면 언제든지 환영입니다."

망원경을 둘러보고 나오는 길. 돔의 복도를 따라 천문대의 대형 반사망원경을 이용해 이루어진 연구 성과물들이 전시되어 있었다. 다양한 하늘의 모습이 색색의 사진과 복잡한 그래프들로 표현되어 있었다. 구라타 씨의 말에 따르면 군마천문대는 매년 연구성과를 모은 논문집을 발행하고 있다고 한다. 관심만 있다면 누구나 천문대로 찾아와 별빛을 보고 이곳의 과학자들이 밝혀낸 새로운 사실들을 마음껏 열람해 볼 수 있다는 얘기다. 과학자와 시민이 어우러지는 공간. 군마천문대의 반사망원경은 과학자에겐 하늘을 연구하는 눈이, 시민에겐 과학을 바라볼 수 있는 눈이 되어주고 있었다.

영원한 물음표

다시 천문대 본관으로 돌아온 우리는 망원경을 구경하느라 지나쳤던 과학관을 둘러보았다. 관람시간을 훌쩍 넘긴 상태였지만 구라타 씨는 괜찮다며 마음껏 둘러볼 수 있게 배려해주었다.

과학관은 높은 천장과 화려하진 않지만 세련된 간접 조명으로 상당히 고급스런 분위기를 풍기고 있었다. 천문대 전체가 기하학적인 면과 선으로 구성되어 있어서 현대 미술관에 와 있는 듯한 느낌이었다. 널찍한 공간에 망원경의 원리를 충실하게 설명해놓은 아담한 모형들이 눈에 들어왔다. 전구가 앞뒤로 오가며 별의 절대등급과 겉보기등급의 원리를 밝혀주는 코너에서부터 20여 미터 떨어진 곳에 부착된 사진을 향하고 있는 조그만 망원경까지. 혹시라도 흐린 날씨 때문에 밤하늘을 보지 못한다면, 과학관을 둘러보며 천문대로 옮긴 발걸음을 헛되지 않게 달랠 수 있을 것이다. 그밖에도 과학관에는 다양한 종류의 천문·과학 잡지들이 가득한 책장과 조용히 공부할 수 있는 책상이 한쪽 구석에 가지런히 놓여

:: 궂은 날씨 탓에 별 구경을 할 수 없게 된 방문객들이 주망원경이 설치된 원형돔을 둘러보고 있다.

있었다.

잔뜩 찌푸린 날씨로 야간 천체 관측은 불가능했다. 어차피 다음 여행 일정을 소화하려면 오늘 내로 숙소에 돌아가야 했지만, 그래도 천문대에 와서 별을 보지 못하고 내려가야 한다니 아쉬울 뿐이었다. 오늘 하루 우리를 친절히 안내해준 구라타 씨와 작별 인사를 나눴다. 구라타 씨는 내려가는 길에 때맞춰 퇴근하는 하마네 씨의 차를 얻어 탈 수 있도록 배려해주었다.

하마네 씨는 도쿄공대에서 화학을 전공했었지만 우주 탄생에 대한 비밀이 너무나 궁금해 천체물리학으로 전공을 바꿨다고 했다. 아이작 아시모프가 쓴 책은 모조리 다 읽었다고 하는데 그때의 경험이 지금의 자신을 만들었다며 우리에게 과학책을 많이 읽어볼 것을 권했다. 지금은 군마천문대에서 스펙트로스코피를 이용해 혜성을 연구하고 있다고 했다. 스펙트로스코피는 별빛을 분석해 별의 구성성분을 알아보는 기술인데, 이를 통해 혜성의 구성성분을 알아보면 혜성이 태어났던 우주의 초기 모습에 대한 단서를 찾을 수 있을지도 모른다고 했다. 하마네 씨는 영어가 서툴다면서도 목에 핏줄을 세워가며 자신의 생각을 이야기해주었는데, 덕분에 열변을 토하던 하마네 씨의 승

1 은하, 성운 등을 담은 아름다운 천체 사진들이 본관 벽을 가득 채우고 있다.
2 과학관 한켠에 마련된 작은 도서관. 천문 관련 서적과 잡지 열람은 물론 전자 자료를 검색할 수 있다.

용차가 중앙선을 몇 번이나 넘나들었다. 지금 생각해보면 우주 탄생의 신비와 죽음에 대한 공포를 동시에 생각해 볼 수 있었던 흔치 않은 경험이었다.

별의 아들, 호시노 고야카타

일본의 시민천문대, 그 두 번째 여정은 호시노 고야카타. 우리말로는 '별의 아들'이라는 다소 특이한 이름을 가진 히메지 시민천문대였다. 히메지 시의 외곽으로 향하는 버스 안에서, 시원한 에어컨 바람과 유리창을 스미는 따뜻한 햇살의 묘한 조화 속에 달콤한 꿈속으로 빠져들 무렵, 호젓한 호숫가에 위치한 히메지 시민천문대가 나타났다. 일본의 3대 성이라는 히메지성의 고장답게 성을 모티브로 한 천문대는 산과 호수로 둘러싸인 주변 경관과 어우러져 동화에서나 나올 법한 아름다운 모습을 하고 있었다.

이곳의 책임자인 야스다 씨와 그의 보조를 맡고 있는 이자와 씨를 만나 인사를 나누고 대형 천체망원경이 있는 천문대 꼭대기로 자리를 옮겼다. 둥그런 기둥을 감싸 오르는 계단이 마치 중세 성의 첨탑을 오르는 기분이었다. 야스다 씨의 설명에 따르면 일본의 유명 건축가 안도 다타오가 중세 성을 테마로 디자인한 '작품'이라고 한다. 더불어 멋있게 보이기는 하지만 누가 걸어가기라도 하면 바닥의 진동이 망원경의 초점을 흔들어 놓기 때문에 천문대 건물로는 별로라는 푸념도 잊지 않았다.

둥그런 콘크리트 벽으로 둘러싸인 방에는 아사히 맥주의 후원으로 제작된 90센티미터 반사망원경과 컴퓨터, 그리고 검은 우주를 배경으로 한 천체들의 증명사진으로 가득했다. 우리는 자리를 잡고 앉자마자 별밖에 모르고 살 것 같은 인상의 야스다 씨와 별의별 이야기를 나눴는데, 역시나 맨 먼저 화제가 되었던 것은 묵직한 크기의 90센티미터 반사망원경이었다.

"이 녀석의 이름은 '아사히 라라'예요. 아사히 맥주에서 돈을 댔기 때문에 아사히 라라인데 이게 또 말이 됩니다. 아사히는 떠오르는 태양이란 뜻이고 라라는 반짝반짝이라는 말이거든요. 그러니까 떠오르는 '태양이 반짝반짝'이라는 의미죠. 밤하늘에 빛나는 별의 빛을 담아내는 망원경 이름치고는 꽤 괜찮죠? 다만 건설 당시 일본에서 제일 큰 망원경을 만들겠다는 욕심 때문에, 망원경 받침대를 만들 돈까지 망원경을 만드는 데 써버려서 누가 걸어가기라도 하면 초점이 흔들려버립니다. 그래서 우리가 농담으로 라라(반짝반짝)거리는 망원경이라고 부르기도 해요."

망원경 타이틀 매치

야스다 씨의 말을 듣고 기억을 더듬어보았다. 군마천문대에서 만났던 구라타 씨도 비슷한 말을 했었다. 망원경 자체도 비싸지만 망원경의 성능을 받쳐주는 주변 부품들이 더 비싸다고. 망원경과 망원경 받침대, 거기다 망원경으로 들어온 빛을 분석하는 다양한 장비들과 망원경을 설치할 적당한 장소와 건물까지. 이 모든 것들이 갖추어졌을 때 비로소 땅 위의 우리와 하늘의 별빛이 접속할 수 있는 것이었다. 하기야 빛의 속도로 평생을 달려도 닿지 못할 수백 광년 떨어진 곳으로의 여행인데, 그 정도 값비싼 통행료를 지불하는 게 당연한 것인지도 모른다.

다만 부러웠던 것은 로또 기금으로 망원경의 지지대를 만들었던 군마천문대와, 맥주회사가 후원한 이곳 히메지 천문대의 아사히 라라 모두 누군가가 기부한 돈으로 뚫어놓은, 누구나 이용할 수 있는 하늘로 가는 통로라는 점이었다. 우리처럼 주머니 가벼운 외국 학생들에게도 열려 있

호시노 고야카타 전경.

는 통행료 면제의 고속도로 말이다. 도대체 일본에는 어떻게 200여 개나 되는 시민천문대가 있을 수 있는지, 또 어떻게 각각의 천문대마다 대형 망원경을 보유할 수 있는지, 야스다 씨에게 그 이유를 물어보았다.

"글쎄요. 아마도 일본 사람들이 별을 좋아하고 자연을 사랑하기 때문이 아닐까 합니다. 허허허. 좀더 그럴듯한 이유를 들자면, 여기부턴 제 사견입니다만, 여러 가지가 있죠. 우선 2차 세계대전이 끝나고 군용 렌즈와 전투용 망원경 등을 만들던 회사들이 천체망원경을 비롯해 카메라, 안경렌즈 같은 사업에 대거 진출하게 된 게 한 가지 이유죠. 지금이야 레이더가 널리 퍼져 있지만, 20세기 초만 해도 망원경이 전쟁의 승패를 가를 수 있는 중요한 기술이었거든요. 그때 발전했던 기술이 지금의 일본 광학산업의 기틀을 이루었다 해도 틀린 말은 아닐 겁니다."

"또 일본에 천문대가 널리 퍼지고 대형 천체망원경이 곳곳에 생기게 된 배경에는 관료주의와 전시행정이 한몫을 했어요. 그러니까 조금 황당한 이유이긴 한데, 각 시마다 누가 더 큰 망원경을 가지고 있는지 경쟁이

:: 호시노 고야카타의 주망원경 '아사히 라라'.

붙은 거죠. 아마도 제 개인적으론 이게 가장 큰 이유가 아닐까 합니다. 아사히 라라도 1992년엔 가장 큰 망원경이었는데 이 기록이 1년을 못 버티고 다른 시의 망원경에게 타이틀을 빼앗겨버렸습니다. 여기, 제 홈페이지에 가보면 몇 달 단위로 업그레이드되는 '최대' 시민천문대 망원경 타이틀이 쫙 정리되어 있습니다. 이것 좀 보세요. 이제 10월이 되면 니시하리마에 가장 큰 망원경이 생길 예정이랍니다."

200여 개에 달하는 일본 시민천문대의 출생배경에 그런 비하인드 스토리가 있었다니. 뭔가 거창한 이유와 본받을 만한 점을 찾고 있던 우리로서는 조금은 황당한 이야기가 아닐 수 없었다. 더불어 야스다 씨의 이야기는 일본의 과학관을 순회하며 그네들의 좋은 점만을 콕 집어 배워가려던 우리에게 이곳에도 보이지 않는 문제점이 공존한다는 평범한 진리를 일깨워주었다.

시민을 위한 군마천문대

이번엔 야스다 씨에게 그가 생각하는 바람직한 시민천문대의 모습은 어떤 것인지 물어보았다.

"여기저기서 기부가 들어와 아사히 라라 같은 망원경을 만들어주니까 별을 좋아하는 우리야 좋죠. 멋있는 사진도 찍고 좀처럼 보기 힘든 별들도 보고 말이죠. 그런데 사실 이렇게 큰 망원경은 필요가 없습니다. 일단 조작하기도 힘든데다가 너무 비싸서 일반인들에게는 공개를 안 하거든요. 정치가들이야 시민들을 위해 만들었다고 광고하지만 결국 시민들은 이용할 수가 없단 말이죠. 어쨌든 사람들에겐 조그만 망원경이면 충분합니다. 도시의 광공해를 뚫고 밤하늘의 별과 만날 수 있게 해주는 15센티미터 전후 구경의 망원경 말이죠. 그러니까 시민천문대라면 시민들이 자주 찾아올 수 있게 시내 중심가에 위치하면서, 개인이 사기엔 조금 부담스럽지만 그리 비싸지 않은 성능 좋은 망원경을 다수 보유하고서, 사람들이 부담 없이 쉽게 찾아와 잠깐 별을 보고 즐길 수 있는 그런 곳이어야 한단 말입니다."

야스다 씨의 설명처럼, 시민천문대에게 아사히 라라 같은 거대 망원경은 화려하긴 하지만 부담스러운 존재인지도 모른다. 시민천문대의 망원경은 연구가 아닌 즐기는 용도로 사용되는 것인 만큼, 시민들의 눈높이에 맞는 아담한 사이즈의 망원경이면 족하다.

히메지 천문대에는 야스다 씨를 포함한 세 명의 스태프가 있었다. 열한 명의 직원이 더 있지만 모두 천문대에 딸린 조그만 숙박시설을 관리하는 직원들과 사무직 사람들이고, 천문대의 운영은 전적으로 이들 세 명이 맡아서 꾸려가고 있단다. 90센티미터 구경의 망원경을 가진 천문대의 규모에 걸맞지 않는 너무나 아담한 인원이었다. 게다가 히메지 시에서 지원되는, 임금을 포함한 천문대의 예산이 우리 돈으로 5천만 원 정도밖에 안 된다니, 야스다 씨가 열변을 토할 만도 했다.

꽤나 심각한 이야기를 주고받아서인지 어느새 야스다 씨와 우리 사이에는 서로 같은 뜻을 품은 사람들이 느끼는 그런 친밀함이 느껴졌다. 우리는 자리에서 일어나 야스다 씨와 아사히 라라를 배경삼아 기념사진을 찍고, 마지막으로 히메지 천문대 곳곳을 둘러보았다. 별에 관련된 책들이 있는 도서관과 이론 수업을 하는 교실들은 예상했던 것과는 달리 무척이나 깔끔하고 풍성해 보였다. 다만 문제는 이런 시설을 효과적으로 운영할 인적 자원과 프로그램이 부족하다는 것.

야스다 씨는 천문대가 외진 곳에 있어서 버스가 뜸하다며 우리를 직접 히메지 시로 가는 버스가 있는 곳까지 태워다주었다. 한국의 대학생들이 일본까지 찾아와 과학을 테마로 한 여행을 하고 있다는 말에 만나서 반갑다는 이야기를 몇 번이나 하면서, 그는 우리에게 꾸준히 하늘을 보고 경험했으면 좋겠다는 말을 건넸다. 생각은 천천히 바뀌므로 어렸을 때부터 하늘을 경험하고 생각을 바꿀 수 있는 기회를 가질 수 있었으면 좋겠다고.

현대인에게 꼭 맞는 안경

눈에서 멀어지면 마음에서도 멀어진다는 말은 사람과 사람 사이에만 적용되는 말이 아닐 것이다. 도시의 불빛에 가려 더 이상 보이지 않는 밤하늘의 별빛, 우리의 눈에서 멀어진 별빛은 사람들의 마음속에서도 서서히 사라져가는 중이다.

어느샌가 우리의 삶엔 신비라는 단어가 사라져버렸다. 하늘의 별이 사라지면서 마음속 꿈도 사라진 것일까? 어쩌면 과학의 발전이 낭만을 앗아간 것인지도 모르겠다. 사람들은 별빛을 바라보며 느끼던 신비감, 존재에 대한 의문, 탄생과 소멸에 대한 원초적인 질문을 생각하는 대신, 순간순간의 만족과 내일의 걱정만을 안고 살아간다. 마치 심한 근시라도 걸린 것처럼 땅 위의 자그마한 일들만을 쫓으며 하루하루를 살아가는 우리들. 깊은 하늘 수만 광년 너머에 닿아 있던 사람들의 시선은 어디로 간 것일까?

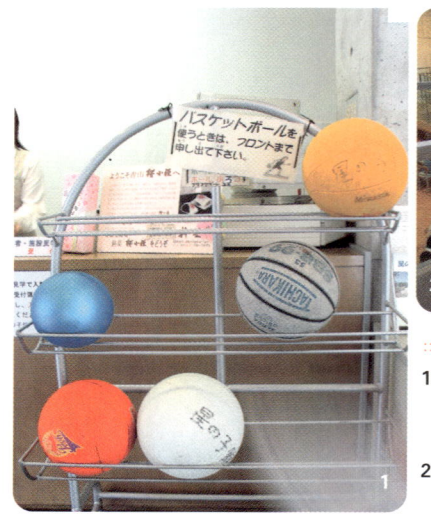

1 호시노 고야카타는 앞뜰에 작은 농구대를 설치해 놓고 천문대를 찾는 사람들에게 공을 대여한다. 잠깐 들러 운동을 하다가 해가 지면 별도 보고 갈 수 있는 주민들의 작은 놀이터인 셈이다.
2 천문대에 마련되어 있는 레스토랑. 한적했던 관측실, 전시실과는 달리 사람들이 북적거린다.

　　도심 속 시민천문대는 현대인의 눈에 꼭 맞는 안경, 하늘의 별빛을 되찾아줄 통로다. 동전 크기의 접안렌즈에 눈을 접속하는 순간 사진에서 보던 자주색 오리온자리 대성운이 세상을 가득 채우고, 곧이어 생각이 정지하는 그 순간이 온다. 삶이라는 변주곡이 울려퍼지기 전의 이야기, 우리의 기억이 흐릿해지는 신비가 있는 그 순간. 시민천문대는 도시인의 부족했던 2퍼센트를 채워주는 신비로운 밤의 이야기가 펼쳐지는 공간이다.

∴ 천문 교육에 필요한 여러 가지 교재가 준비되어 있는 교실.

군마천문대 www.astron.pref.gunma.jp

- **주소** 군마현 아가츠마군 다카야마무라 나카야마6860-86(群馬県吾妻郡高山村中山6860-86)
- **교통** 이곳을 지나는 노선버스는 없으므로 택시 이용, JR 조에츠 신칸센 조우모 고원 역에서 천문대 주차장까지 차로 25분, JR 조에츠선 시부카와 역 또는 누마타 역에서 천문대 주차장까지 차로 25분, JR 아즈마선 나카노조 역에서 천문대 주차장까지 차로 30분.
- **전화** 02-7970-530
- **개관**

하기(3~10월)	금요일 · 토요일 · 일요일 · 축일	수요일 · 목요일	화요일
오전 10시~오후 5시	시설 견학	시설 견학	시설 견학
오후 7시~오후 10시	천체 관측	천체 관측	폐관
오후 10시~오전 6시	심야 시설 이용(예약필수)	폐관	폐관
동기(11~2월)	금요일 · 토요일 · 일요일 · 축일	수요일 · 목요일	화요일
오전 10시~오후 4시	시설 견학	시설 견학	시설 견학
오후 6시~오후 9시	천체 관측	천체 관측	폐관
오후 10시~오전 6시	심야 시설 이용(예약필수)	폐관	폐관

- **휴관** 매주 월요일(일, 월요일이 축일의 경우는 화요일), 연말(12월 27일 ~ 1월 5일)

05

아이들을 위한 놀이터
: 미래과학기술정보관*

 도쿄에서 가장 높은 빌딩들이 모여 있는 이곳 신주쿠에는 일본에서 가장 작은 과학관이 있다. 미쓰이빌딩 1층의 한쪽 구석, 50여 평 남짓한 공간에 아담하게 자리잡고 있는 미래과학기술정보관이 바로 그 주인공이다. 검은색 서류가방과 테이크아웃 커피를 손에 들고 바쁜 걸음을 옮기는 회사원들의 무대인 도심 한복판에 과학관이 존재한다는 게 조금 어색하긴 하다. 하지만 그 덕분에 접근성만큼은 타의 추종을 불허한다. 물론 처음 찾아가는 우리로선 그 건물이 그 건물처럼 보였던 관계로 엉뚱한 빌딩에 들어가 한참을 헤매긴 했지만 말이다.
 일요일을 맞아 한산한 신주쿠의 빌딩숲과는 달리, 미래과학기술정보관은 아이들로 북적였다. 자그마한 규모에 화려한 시설은 없었지만, 온 신경을 곤두세워가며 전시물 하나하나를 살펴보는 아이들의 열기로 과학

■ 2008년 현재 문을 닫은 상태. 대신 가볼 만한 곳으로 요코하마 어린이 과학관을 추천한다(93쪽 참조).

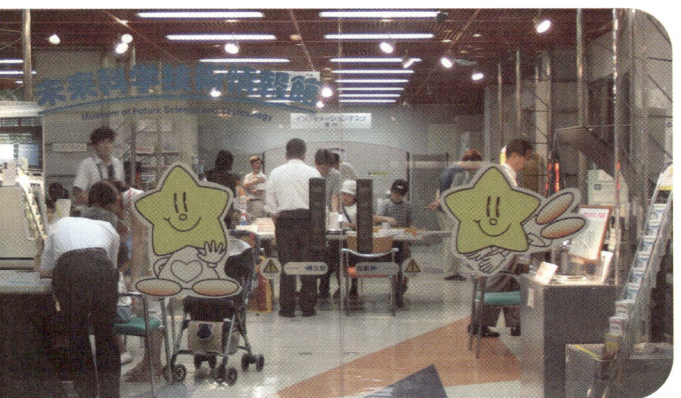

미래과학기술정보관.

관 내부는 약간의 긴장감마저 감돌았다.

누구나 한 장씩

과학관을 들어서면 커다란 비눗방울 모형이 가장 먼저 눈길을 끈다. 아이들이 전시물 안으로 들어가 발밑에 놓인 커다란 링을 끌어올리자 반짝이는 비눗물 막이 아이들의 몸을 감싸안았다. 어렸을 적 누구나 한 번 쯤은 비눗방울 속에 들어가는 상상을 해보지 않았을까? 직접 들어가 해보고 싶은 마음은 간절했지만, 이미 왕성한 발육을 마쳐버린 신체 사이즈를 고려하자니 링을 통과할 자신이 없었다.

비눗방울 모형 앞에서 해볼까 말까 갈등하는 사이, 아르바이트생처럼 보이는 앳된 아가씨가 비눗물의 거품을 뜰채로 건져냈다. 모든 시설이

미래과학기술정보관의 내부.

　한눈에 들어오는 조금만 규모 덕분인지, 이곳 직원들은 과학관 구석구석을 그때그때 정리하며 다듬고 있었다. 그래서일까. 미래과학기술정보관은 아이들의 무차별 습격을 감내해야 하는 과학관 치고는 너무나 깔끔한 모습을 유지하고 있었다.

　미래과학기술정보관은 여타의 과학관과 차별화를 시도한다. 우선 전시물이 모두 작은 소품이라는 점에서 그렇다. 규모를 강조하고 화려함을 자랑하며 시선을 사로잡는 그런 전시물이 아니다. 과학관은 아담하고 신기한 물건들로 가득 찬 장난감 가게 같은 분위기를 풍긴다.

　또 한 가지 특이한 점은 모든 전시물 앞에 엽서 크기의 설명서가 한 뭉치 쌓여 있어서, 누구나 한 장씩 뽑아갈 수 있도록 마련해두었다는 것이다. 전시물에 달라붙은 아이들은 처음엔 이것저것 신기한 듯 만지고 두리번거리다가, 고개를 한 번 갸우뚱한 다음에야 앞에 놓인 설명서를 집어들고서 머리를 긁적였다. 하지만 빳빳한 재질의 설명서에는 소품에 대한 자세한 해설이 아닌, 전시물이 던지는 질문과 기본 아이디어만이 간

커다란 비누막 속의 아이들을 보며 동심으로 돌아가려는 마음과 시간을 거스를 수 없는 몸 사이에서 고민에 빠졌다.

이곳의 스태프들은 재미난 실험들을 설명해주기도 한다. 쪼그라들었던 풍선이 외부의 기압을 낮추자 부풀어오르는 모습을 설명하는 도우미.

미래과학기술정보관의 가장 큰 특징 중 하나인 설명카드. 전시물마다 놓여 있는 이 설명카드는 전시물의 원리를 스스로 찾아내도록 유도한다. 끝까지 풀리지 않은 의문은 집에 가져가 더 깊이 연구해볼 수 있지 않을까.

략하게 적혀 있을 뿐이었다. 덕분에 아이들은 전시물 한 번, 설명서 한 번, 번갈아 시선을 옮기며 호기심 해결을 위한 나름의 진지한 궁리에 빠져들었다. 과학의 원리를 모조리 알려주겠다는 욕심을 버리고 호기심과 문제해결 욕구만을 자극하는 데 초점을 맞춘 컨셉이었다. 화려하진 않지만 저마다 하나씩의 질문을 품은 아기자기한 소품들에는 사람들의 발걸음을 기어코 멈추게 만드는 묘한 매력이 있었다.

석고상이 나를 노려본다?

아인슈타인의 얼굴을 본뜬 석고모형 앞에서 고개를 좌우로 움직이면 신기하게도 아인슈타인의 시선이 나를 따라온다. 어떻게 고정된 석고모형이, 그것도 움직이는 대상을 실시간으로 쫓아오며 시선을 옮길 수 있단 말인가? 다른 아이들처럼 얼른 설명서를 집어 들었다.

비밀은 음각으로 조각된 아인슈타인의 얼굴 모양에 있었다. 사람의 얼굴은 오목하게 파여 있어서 좌우로 조금씩만 움직여도 코를 중심으로 얼굴의 왼쪽이나 오른쪽 한쪽 면만이 도드라지게 되어 있다. 하지만 찰흙에 얼굴을 눌러 찍은 듯 움푹 파인 음각 아인슈타인 얼굴은 시선의 각도에 상관없이 눈, 코, 뺨의 윤곽에 큰 변화가 없다. 평소에 보던 일반적인 얼굴과는 달리, 보는 각도의 변화에 별다른 영향을 받지 않는 음각 얼굴은 어느 각도에서 보건 간에 보는 이와 마주보고 있는 듯한 착시현상을 일으킨다. 하지만 이런 사실이 설명서에 자세하게 나와 있는 것은 아니다. 단지 음각얼굴과 착시현상이라는 힌트만이 주어져 있어서, 과학을 전공한다는 대학생들도 곰곰이 생각해보고 나서야 답을 알아낼 수 있었다.

아인슈타인의 얼굴을 요리조리 뜯어보고 난 뒤 '우웅' 하는 소리를 내는 기계 앞으로 자리를 옮겼다. 레버를 돌리자 '우웅' 하는 소리와 함께 조그만 스티로폼 알갱이들이 물결쳤다. 음파의 형태를 보여주는 전시물이었는데, 음높이에 따라 스티로폼 알갱이들이 만드는 마루와 골의 모습이 바뀌었다. 유리관 한쪽에 스피커를 달고 그 속에 스티로폼을 넣어 음파의 모습을 보여주는 기계였다. 파동이라는 추상적 지식을 실제로 눈에 보이는 형태로 바꾸어 직관적으로 다가갈 수 있게 도와주는 전시물이었다. 생소한 물리적 개념을 처음 접하는 아이들에겐 이런 시각적 모형이 효과적일 듯했다.

음파에 관련된 전시물 중에는 기다란 호스가 칭칭 감긴 거대한 물음표도 있었다. 깔때기 모양의 입구에 입을 대고 '야~호' 소리를 지르자, 2, 3초가 흐른 뒤 바로 옆깔때기에서 '야~호' 하는 목소리가 들려왔다. 소리에도 속도가 있다는 것을 직감할 수 있는 시설인데, 음속이란 개념을 처음 접하는 친구들에겐 '소리에도 속도가 있어?' 라는 물음에 느낌표를 찍어줄 수 있을 듯하다.

::
보는이가 어디에 있든 따라다니는 아인슈타인의 부담스러운 시선. 그 비밀은 오목한 얼굴에 있다.

과학관 중앙에 놓인 의자에 앉았다. 바로 앞 텔레비전에서는 비디오가 상영 중이었다. 〈The Making〉이라는 제목의 다큐멘터리 프로그램이었는데, 탁구공, 삼각김밥, 플라스틱 음식모형 등을 만드는 공업과정을 자세히 보여주었다. 기계들이 타이밍을 맞춰 수십 개의 탁구공을 만들고 삼각김밥을 포장하는 모습은 이공계 졸업반 대학생들에게도 상당한 호기심을 자극하기에 충분했다. 미래과학기술정보관에선 아이들의 시선을 사로잡을 만한 비디오 프로그램을 매주 바꿔가며 상영한다고 한다.

누구나 쉽게 들를 수 있는 곳

그렇게 정신없이 비디오를 보며 감탄한 뒤, 이번엔 아이들의 옆에 앉아 두런두런 이야기를 나누고 있는 미래과학기술정보관의 스태프에게 다가가 말을 붙여보았다. 흰머리가 희끗희끗한 마츠모토 씨는 친절하게 우리의 질문에 답해주었는데, 올해로 쉰일곱 살을 맞이한 핵발전소 출신의

:: 마루와 골을 만든 스티로폼 알갱이들이 음파를 시각해 보여준다.

엔지니어라고 했다. 일본도 예전과는 달라서 직장을 그만두는 나이가 점점 낮아지고 있는데 마츠모토 씨는 자원해서 이곳으로 옮겨온 경우라고 했다. 미래과학기술정보관 부관장으로 있는 그는 아이들과 호흡할 수 있는 이곳의 일이 즐겁다고 했다.

미래과학기술정보관은 작은 규모에 비해 매년 20억 원이라는 꽤나 큰 액수의 예산을 사용하고 있었다. 마츠모토 씨는 아무래도 과학관이 도쿄의 중심가에 있기 때문에 예산의 대부분을 건물 임대료로 사용한다고 했다. 사실 그 정도의 돈이면 시 외곽에 좀더 화려한 시설의 과학관을 세울 수도 있을 테다. 하지만 마츠모토 씨는 과학관이 도심에 있기 때문에 많은 사람들이 손쉽게 찾아올 수 있는 것이라며 미래과학기술정보관이 신주쿠에 있어야 하는 이유를 설명해주었다. 세계에서 가장 비싼 땅값으로 악명 높은 도쿄, 그것도 도쿄도청 바로 옆의 노른자위 땅에 과학관이 위치해야 하는 이유는 누구나 부담 없이 들를 수 있는 접근성이었다.

마츠모토 씨와 이야기를 나누는 사이, 바로 옆테이블에선 한 꼬마가 열심히 공중부양 자석팽이를 돌리고 있었다. 아이가 조심스레 손가락을 비틀자 자석팽이는 손바닥 크기의 네모난 자석매트 위를 떠올라 팽그르르 돌기 시작했다. 가방도 필기도구도 하나 없이 혼자서 놀러온 듯한 아

입구에 소리를 치면 물음표 모양을 따라 기나긴 호스를 통과한 후 몇 초 뒤에 다시 되돌아온다. 소리가 전해지는 속도를 표현한 전시물.

이는 그렇게 자석팽이에 빠져 자기를 쳐다보는 시선조차 의식하지 못하는 것 같았다.

화려한 과학관에 대한 편견

사람이 살아가는 데에는 주변 환경이 중요하다고 한다. 그만큼 알게 모르게 어떤 환경에 얼마만큼 노출되었느냐가 그 사람의 인생에 큰 영향을 미친다는 말이다. 마찬가지로 아이들에게 과학에 대한 흥미를 느끼게 해주고 자연에 질문을 던지도록 유도하기 위해선 아이들이 과학관에 쉽게 들를 수 있어야 한다. 거대하고 화려한 과학관이라도 1년에 한 번, 평생에 한두 번 방문하는 것만으로는 큰 효과를 보기 어렵다. 비록 작은 놀이방 같은 아담한 규모지만, 누구든지 언제라도 들를 수 있다는 점에서 미래과학기정보관은 과학관이 갖추어야 할 가장 큰 덕목을 갖추고 있다.

과학관이 반드시 화려한 건물과 값비싼 장비들로 가득 채워져 있어야 한다

1 실험기구들을 직접 조작해볼 수 있는 공간.
2 이곳에서는 아이들뿐 아니라 퇴근 후에 잠시 들러 머리를 식히는(?) 샐러리맨과 데이트 코스 중 하나로 과학관을 선택한 연인들도 볼 수 있었다.

는 것은 편견일 뿐이다. 과학관이 아이들에게 제공할 수 있는 가장 큰 역할은 과학에 흥미를 붙이고 물음을 던질 수 있는 계기를 마련하는 것이다. 결국 과학이란 주변에 존재하던 자연에 질문하고 답을 얻어가는 과정일 뿐이다. 과학관이란 놀이터에서 아이들이 정말로 찾길 원하는 것은 화려한 시설도 으리으리한 건물도 아닌 자연을 바라보는 번뜩이는 재치와 아이디어일 것이다.

요코하마 어린이 과학관 www.ysc.go.jp/ysc/ysc.html

- **주소** 요코하마시 이소코구 요우코다이 5-2-1(横浜市磯子区洋光台 5-2-1)
- **교통** JR 네기시선 요우코다이 역 하차 도보 3분, JR 네기시선 요코하마 역~요우코다이역 약 21분 소요, JR 네기시선 오후네 역~요우코다이역 약 10분 소요
- **전화** 045-832-1166
- **개관** 오전 9시 ~ 오후 4시 30분
- **휴관** 셋째주 월요일(일 · 월요일이 축일인 경우는 화요일), 연말(12월 29일~1월 3일)

06

나에게 과학은 어떤 의미인가

: 일본과학미래관

일본을 대표하는 과학관은?

한국을 대표하는 과학관은 어디인가? 만약 이런 질문을 받는다면 딱히 할말이 없을 듯하다. 하지만 일본 사람들이라면, 주저 않고 일본과학미래관 혹은 미사이(MeSci)라고 대답한다. 일본과학미래관(National Museum of Emerging Science and Innovation)은 일본의 국립 과학관 중 한 곳으로 최신, 최대라는 수식어를 단 일본의 국가대표급 과학관이라 할 수 있다. 2001년 6월에 문을 연 이곳은 영문 이름의 이니셜을 딴 '미사이'로 불리는데, '나에게(Me) 과학(Sci)은 어떤 의미인가' 라는 질문을 담고 있다고 한다. 일본 최초의 우주비행사 모리 마모루가 관장으로 있는 것도 특이한 사항이다. 명색이 과학관을 테마로 일본을 여행하는 우리로서는 이런 곳을 그냥 지나칠 수는 없는 노릇이라 우리는 주저없이

일본과학미래관.

과학미래관으로 향했다.

인공섬을 누비는 무인궤도열차

도쿄의 전철 시스템은 서울의 그것과 비교가 안 될 만큼 복잡했다. 수많은 사철과 전철, 지하철이 얽혀 있는데다 똑같은 방향이라도 급행과 완행이 함께 운행되고 있어서 열차를 잘못 타지 않도록 주의해야 했다. 특히나 환승역의 십여 개가 넘는 플랫폼은 우리를 당황케 하기에 충분했다.

 우여곡절 끝에 신바시 역으로 향하는 전차에 몸을 실었다. 열차 안에는 한국에서 볼 수 없었던 접이식 의자가 달려 있었는데, 출근시간이 막 지난 10시를 알리는 안내방송과 함께 사람들은 접었던 의자를 펴고 자리에 앉았다. 서울의 지하철에서는 볼 수 없었던 신기한 모습이었지만, 꽁

음을 울리며 덜컹거리는 기차에서 저마다 귀에 이어폰을 꽂고 책을 읽는 모습은 어디에서나 익숙한 풍경이었다.

　신바시 역에 도착한 우리는 야마노테센에서 내려 오다이바로 가는 유리카모메의 1일 자유이용권을 끊었다. 유리카모메는 오다이바와 구시가지를 연결하는 자동안내궤도교통시스템(AGT : Automated Guideway Transit)으로 고가도로처럼 생긴 5층 높이의 레인 위를 운행한다. 도쿄만의 인공섬인 오다이바의 대중교통 수단이기도 한 유리카모메는 일반적인 전철이라기보다 놀이공원의 모노레일 같은 모습을 하고 있었다. 보통의 전철이라면 반드시 있어야 할, 정글의 덤불줄기처럼 머리 위로 드리워진 전선이 사라지고 없었기 때문이다. 오다이바의 경치를 좀더 잘 보기 위해 우리는 열차의 맨앞칸으로 갔다. 유리카모메는 무인운행시스템이기 때문에 기관실이 없었는데, 덕분에 통유리로 둘러싸인 객실에선 탁 트인 전망을 감상할 수 있었다. 미끄러지듯 부드럽게 근처 빌딩의 허리를 가로지르며, 한때는 쓰레기 매립지였던 인공 섬 오다이바로 가는 길. 유리카모메에선 아침에 겪었던 시끌벅적한 구시가지의 전철과는 다른 상쾌함을 느낄 수 있었다.

과학관의 미래?

오다이바의 후네노카카쿠칸 역에 내려 5분 정도 걸었을까. 반짝이는 유리벽이 부드럽게 구부러진, 날렵한 선박의 뱃머리 모양을 닮은 일본과학미래관이 나타났다. 오다이바에 있는 대부분의 건물들이 나름의 개성 있는 외관을 뽐내고 있었는데, 과학미래관 역시 예외는 아니었다. 일단 건물 안으로 들어섰다. 유리로 된 벽을 타고 들어오는 빛이 과학관의 첫인상을 밝고 따뜻하게 연출해주었다. 나중에 알게 된 사실이지만 과학미래관은 그 자체로 미래의 환경친화적 건축의 모델이 될 수 있도록 다양한 공학적 기법과 아이디어를 활용해 만든 건축물이라고 한다.

과학미래관은 21세기의 꿈을 표현하는 네 가지 테마의 상설전시관(지구환경과 프론티어, 기술혁신과 미래, 정보과학기술과 사회, 생명과학과 인간)을 운영하고 있었다. 그 밖에도 매달 새로운 주제로 열리는 특별 전시 코너, 과학강연이나 회의를 할 수 있는 이벤트 홀, 플라네타리움으로도 이용되는 돔 스크린 극장 가이아, 그리고 과학자들이 실제로 연구를 수행하는 연구실 등이 과학미래관을 채우고 있었다.

시설물의 구성에서도 알 수 있듯이 과학미래관은 단순한 과학박물관이 아닌 시민과 과학이 상호 교류할 수 있는 과학 커뮤니케이션의 장을 추구하고

1 기관실이 없는 오다이바의 전철 유리카모메에서는 이동 중에 시가지를 구경할 수 있다. 유리카모메를 타고 저마다 독특한 현대식 빌딩들 사이를 누비면 마치 미래도시에 온 것 같은 상상을 하게 된다.
2 건물 안에 들어서면 유리벽을 따라 시원하게 뻗어 있는 층계가 보인다. 천정에 매달려 있는 나뭇잎 모양의 조형물은 과학관의 분위기를 따뜻하게 만든다.

6층에서는 한 해 별로 우주로 나간 우주인들의 사진을 볼 수 있다. 과학미래관을 방문했던 우주인들은 자신의 사진 옆에 사인과 메시지를 남겨놓기도 했는데, 그들 중 과학미래관의 관장인 모리 마모루의 모습도 보인다.

있었다. 점점 전문화되고 어려워지는 과학을 시민들에게 친근한 형태로 다가갈 수 있도록 하는 것이 과학미래관의 목표라고 한다. 이에 대해 과학미래관 관장인 모리 마모루는 '과학문화운동의 시작과 끝은 과학관 건설에 있다'며 '성공적인 과학관 운영이 일본의 미래를 밝혀줄 것'이라고 그 포부를 밝히기도 했다.

생각해보면 예전의 과학, 그러니까 증기기관이 발명되고 라디오가 나오기 전까지의 과학기술은 주로 눈에 보이고 손으로 만질 수 있는 것이었다. 톱니바퀴가 돌고 전기가 흐르면 열과 빛이 나는 현상은 신기하지만 직관적으로 이해할 수 있는 수준의 지식인 것이다. 하지만 21세기의 최첨단 과학기술은 알 수 없는 기호들과 세련된 포장 속에 숨어 있어서 그 원리를 파헤치기가 점점 더 어려워지고 있다. 하얀 상자 속 컴퓨터와 손바닥만 한 휴대폰, 앉은 자리에서 전 세계를 연결하는 인터넷은 사람들에게 증기기관과 백열전구와는 다른 그저 놀랍기만 한 요술상자로 인식될 뿐이다. 과학자가 아닌 대중의 눈에 비친 과학은 알 수 없는 원리로 작동하는 신비한 마술이 된 것이다.

　이런 상황은 자연을 탐험하는 놀라운 재미를 느껴보기도 전에 사람들이 과학에 흥미를 잃고 과학을 그저 어렵기만 한 그 무엇으로 인식하게 만드는 이유가 되었다. 과학기술 선진국이라 할 수 있는 일본도 이러한 흐름에서 예외는 아니기에 과학을 좀더 친근하게 접근할 수 있도록 하는 방법을 모색했고, '과학기술 기본법'을 토대로 일선의 과학자들과 시민을 연결해주는 과학미래관 건립을 추진하게 된 것이다. 그럼 과연 모리 마모루의 말처럼 21세기의 과학관은 단순한 박물관의 기능을 넘어, 날로 전문화되어가는 과학을 시민의 곁으로 다가갈 수 있도록 연결하는 다리가 될 수 있을까? 그 해답을 찾기 위해, 일본의 국가대표 과학관, '미사이'로 들어가보자.

좀더 지혜로운 과학으로 가는 길

이런저런 상념을 간직한 채 1층의 지구환경과 프론티어 전시관에 들어서자 가장 먼저 과학미래관의 상징물, 지오-코스모스가 눈에 들어왔다. 우주공간 속 지구처럼, 과학관의 허공을 점유한 지오-코스모스는 100만 개의 발광다이오드(LED)가 반짝이는 지름 6.5미터의 지구본 모형이다. 특이한 점은 인공위성으로부터 송신된 정보를 이용해 지표의 온도, 해수면의 온도, 이산화탄소의 농도 등을 발광다이오드를 통해 실시간으로 보여준다는 것이다. 지오-코스모스는 일본인 최초의 우주비행사이자 과학미래관의 관장인 모리 마모루가 우주에서 내려다본 밝고 신비로운 지구의 이미지를 모두와 함께 나누고자 만들어졌다고 한다. 입구 근처에 놓인 안내문을 보니 지구온난화 영향하의 지구 모습을 보여주기도 하고 화성과 토성으로 변하기도 한단다. 트랙볼을 돌려가며 직접 지오-코스모스를 조종할 수 있다기에 주변을 두리번거렸지만, 아쉽게도 조정 부스를 찾지는 못했다. 지오-코스모스는 아래에서 보는 것보다 과학관 5층과 3층 벽면을 휘감으며 내려오는 층계 위에서 보는 것이 더 볼 만했다.

그렇게 한동안 이곳저곳을 둘러보던 중 아주 조그만 부스 하나가 눈에 띄었다. 별다른 설명 패널도 없이 터치스크린만 덩그러니 놓여 있는 어린아이 체구만한 전시물이었다. 의자가 마련된 몇 안 되는 전시물이어서 피곤한 다리도 쉴 겸 일단 자리를 잡고 앉아 이것저것 눌러보았다. 볼 품 없는 외형과는 달리 전시부스는 흥미로운 내용을 많이 담고 있었는데, 1층의 전시관 설계에 참여하기도 했던 환경과학 분야 석학들의 인터뷰 영상을 볼 수 있었다.

터치스크린에서 영어 자막을 선택하고 과학자로 추정되는 많은 사람들 중 한 사람의 얼굴을 눌러보았다. 지구환경과 프론티어 전시관 설계 디

::
지오-코스모스.

렉터로 참여하기도 했던 지구과학 기술 연구소의 (RITE : Research Institute of Innovate Technology for the Earth) 요이치 가야 박사의 인터뷰 영상이 흘러나왔다. 과학자로 성장하기까지 어떤 일들을 겪었는지, 왜 과학자가 되고 싶었는지, 자신이 생각하는 과학이란 무엇인지, 앞으로 과학의 발전 방향은 어떻게 될 것인지에 대한 많은 이야기를 담고 있는 꽤 긴 인터뷰였다. 요이치 가야 박사의 인터뷰 내용을 짧게 옮기자면, 과거는 자연을 분해하여 이용하는 개발과학의 시대였지만, 미래는 과학으로 얻은 지식을 지혜롭게 사용하여 자연과 인간의 조화를 꾀하는 시대라는 것이다. 세상을 조화롭게 만드는 인류의 지혜가 미래의 과학기술이라는 것이다.

그런 의미에서 이곳 과학미래관에 들어서면 가장 먼저 마주하게 되는 지구환경과 프론티어 전시관의 에코하우스는 과학이 삶의 지혜로써 사용되는 하나의 예를 제시한다고 할 수 있다. 마치 아파트 모델하우스 같은 에코하우스에선 비록 과학 하면 으레 떠오르기 마련인 화려함과 첨단의 이미지는 찾을 수 없었지만, 생활 속에 녹아든 지혜로운 과학을 맛볼 수 있었다.

에코하우스의 지붕엔 잔디가 깔려 있어 한낮의 햇빛은 막아주고 밤에

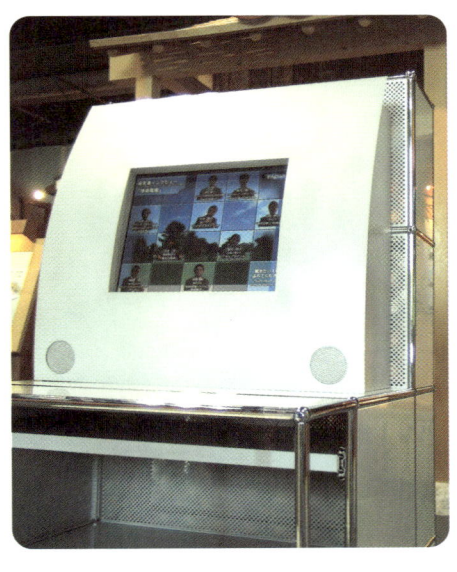

전시관 곳곳에 놓여 있는 인터뷰 박스. 다른 화려한 전시물들과 달리 수수한 모습이지만 각 분야 과학자들의 생생한 목소리를 들어볼 수 있어 놓쳐서는 안 되는 전시물이다.

는 집을 따뜻하게 유지시켜준다. 또한 단지 지붕의 적절한 자리에 굴뚝을 뚫는 것만으로 자연스럽게 공기가 순환되도록 해두었다. 참고로 이곳 과학미래관 건물 역시 각 층마다 공기가 자연스럽게 굴뚝으로 흘러들게 디자인되어 있었는데, 실제로 공기 굴뚝으로 보이는 곳에선 가운데가 뻥 뚫린 유리벽 사이로 윙윙거리는 바람소리를 들을 수 있었다. 이밖에도 에코하우스의 바닥에는 다 쓰고 남은 폐 페트병에 비열이 높은 물을 담아 집의 보온성을 높인다거나, 집안 곳곳에 다양한 신소재들을 사용해 에너지를 적게 혹은 사용하지 않고도 따뜻한 겨울과 시원한 여름을 날 수 있는 방법들이 소개되어 있었다. 화려하진 않지만 자연친화적인 기술과 소박한 아이디어들로 구성된 에코하우스는 둘러보는 사람들로 하여금 과학을 이용하면 내가 살아가는 공간을 좀더 쾌적하게 만들 수 있다는 사실을 보여주고 있었다.

　요이치 가야 박사의 말처럼 과학기술은 그동안 자연에 부담을 주는 방식으로 작동해온 것이 사실이다. 물론 긍정적인 면도 없진 않지만 전체

> 과학미래관에는 각 층마다 일선 과학자들의 인터뷰를 담아놓은 부스를 마련해두었다. 외관상으로 보자면 굉장히 작고 초라한 시설이긴 하지만, 쉽게 만날 수 없는 최고 수준의 과학자들을 마치 우리가 직접 인터뷰하는 듯이 만날 수 있다는 점에서 상당히 매력적인 전시물이다. 인터뷰 내용 또한 인상적인데, 내공이 깊은 전문가들이 들려주는 이야기는 어려운 설명이라기보다 손에 잡힐 듯한 이미지 전달이어서 무언가 알 수 있다는 느낌을 심어준다. 더불어 전문적인 지식뿐만 아니라 과학자 자신의 경험담을 소상히 이야기해주기 때문에, 이공계 대학에 다니는 우리들도 많은 자극을 받고 용기를 얻었던 가슴 설레는 인터뷰였다. 영어 자막도 어렵지 않은 단어들이 적당한 속도로 등장하니 으레 겁먹을 필요는 없을 듯하다. 무엇보다 재밌는 내용이 많으니 관심 있는 분야의 인터뷰라면 전자사전을 옆에 두고 꼭 한 번 시도해보자.

::
1층 전시장에 들어서자마자 '미래과학관과는 어울리지 않는 것 같은 목재가옥이 보인다. 겉으로는 투박해 보이는 이 집은 자연친화적으로 설계된 에코하우스이다.

적으로 보면 지구에 부담을 주며 환경을 파괴해왔다고 할 수 있다. 어쩌면 경제적 이익을 추구하는 자본주의 경제 시스템하에서는 자연을 개발하고 소모하는 과학기술이 필연적이었는지도 모른다. 사람들에게 중요한 것은 과학의 힘을 이용해 돈을 버는 것이었지 환경을 보호하는 것이 아니었다. 때문에 몇몇 과격한 환경주의자들은 과학기술을 버리고 예전 방식 그대로 살아갈 것을 주장하기도 했고, 어떤 소설가들은 과학기술의 어두운 면을 강조하며 미래의 황량한 디스토피아를 상상하기도 했다.

하지만 지구환경과 프론티어 전시관을 통해 바라본 미래사회는 자연친화적인 과학기술을 이야기하고 있었다. 마치 요즘 유행하는 웰빙 열풍처럼, 생활수준이 높아질수록 좀더 쾌적한 환경을 원하는 사람들의 욕구는 과학기술을 자연과 조화를 이루는 방식으로 발전시켜나갈지도 모른다. 아마도 미래에는 자연친화적이고 재생 가능한 과학기술이 개발 일변도의 과학기술보다 더 큰 경제적 가치를 지니게 될 것이다. 적어도 과학미래관의 에코하우스를 둘러본 사람들의 마음속에는 우리의 생활을 쾌적하게

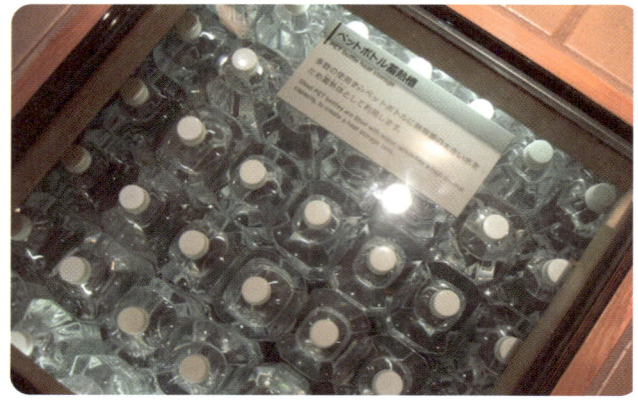

마룻바닥 아래에 물을 넣은 페트병이나 잘게 부순 돌조각을 설치하면 열을 저장하는 역할을 해 바닥을 따뜻하게 유지할 수 있다.

만들어주는 조화롭고 지혜로운 과학이 자리하게 될 것 같았다.

일본의 자랑, 슈퍼카미오칸데

에코하우스를 둘러본 후 건물의 유리벽을 따라 시원스레 뻗은 계단을 타고 5층 전시관으로 향했다. 이곳 역시 1층과 마찬가지로 지구환경과 프론티어를 주제로 꾸며져 있었다. 다른 점이 있다면 1층이 생활 속에 스며드는 자연친화적인 지구환경기술을 다룬 반면, 5층에서는 극한의 우주와 입자물리학의 세계를 중심으로 과학의 최전선 영역을 보여주고 있었다. 특히 우리의 관심을 끌었던 코너는 슈퍼카미오칸데의 1/10 축소 모형과 샘플로 전시되어 있던 뉴트리노 검출기[1]였다. 슈퍼카미오칸데는 뉴트리

---

[1] 뉴트리노 검출기의 정확한 명칭은 광전자증배관(photomultiplier)으로, 뉴트리노가 슈퍼카미오칸데의 물분자와 충돌할 때 나타나는 체렌코프 복사(Cherenkov radiation:하전된 입자들이 광학적으로 투명한 물질을 그 물질 내에서의 빛의 속도보다 더 빠른 속도로 통과할 때 이 입자들에 의해 생기는 광선)를 포착하는 데 쓰인다.

노의 질량을 검출해낸 실험기기로서 일본의 고시바 마사토시 박사는 이를 통해 뉴트리노의 질량을 검출해냈고, 그 공로로 2002년 노벨 물리학상을 수상하는 영광을 안았다. 실제 슈퍼카미오칸데는 5만 톤의 물로 채워진 일종의 거대한 수조라고 할 수 있는데, 수조의 안쪽 표면에는 11,146개의 사람 머리만한 뉴트리노 검출장치가 단 1밀리미터의 빈틈도 없이 빼곡하게 설치되어 있다고 한다.

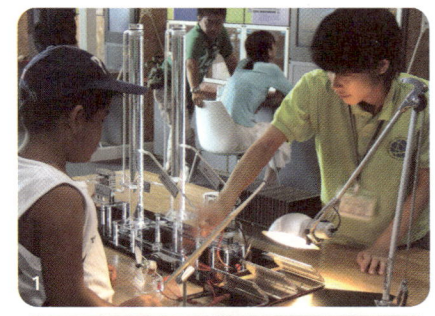

1 자원봉사자가 어린이에게 수소전지의 작동을 설명해 주고 있다.
2 오랜 시간이 지나도 썩지 않는 일반 플라스틱과는 달리 수년의 짧은 기간 안에 썩는 플라스틱으로 만들어진 병.

과학미래관의 화려하고 친절한 전시물에도 불구하고, 슈퍼카미오칸데와 고시바 마사토시 박사의 업적을 정확히 알기 위해서는 최신 물리학 이론에 대한 상당한 수준의 지식이 필요했다. 일반인에게 뉴트리노란 무엇이며 왜 중요한지를 설명해주어야 하기 때문이다. 아마도 대다수의 관람객들은 이 전시물이 무엇을 뜻하는지, 고시바 마사토시 박사가 왜 노벨상을 받았는지 이해하지 못할지도 모른다. 그렇다고 슈퍼카미오칸데가 영 인기 없는 전시물인 것만은 아니었다. 과학미래관을 찾은 많은 관람객들이 슈퍼카미오칸데를 둘러보고 있었으며, 전시 부스의 관람을 마치고 나오는 관람객들의 얼굴에선 은근한 미소가 피어오르고 있었다. 아마도 그것은 과학의 원리를 깨우친 사람의 지적 만족감이라기보다는, 일본에서 자

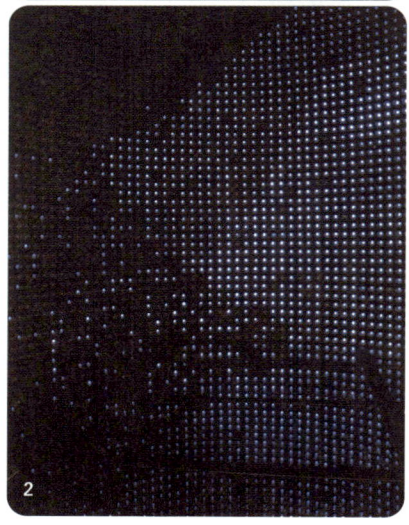

::
1 뉴트리노 관측으로 노벨상을 받은 고시바 마사토시 대한 기사.
2 뉴트리노 검출기인 슈퍼카미오칸데의 내부 모습이 축소 전시되어 있었다. 물이 채워진 검출장치는 푸른색의 전구로 표현해 내부에 들어서면 푸른 물결이 치는 것 같은 효과를 만들어냈다.

라고 일본에서 공부한 토종 일본인 과학자가 노벨 물리학상을 수상했다는 자부심인 듯했다. 일본의 과학이 세계를 이끌고 있다는 자부심 말이다. 일본인들은 올림픽이나 월드컵 경기에서 승리했을 때 느끼던 뿌듯함을 과학관에서도 느낄 수 있었던 것이다.

과학을 구전하라

슈퍼카미오칸데를 둘러보고 나오면서 전시물의 원리와 의미를 설명하는 자원봉사자에게 말을 건네보았다. 그를 통해 이곳에서 일하는 자원봉사자들에 대한 이야기를 들을 수 있었다. 과학미래관에는 녹색 상의를 걸치고 전시물에 대한 이해를 도와주는 자원봉사자들을 곳곳에서 만날 수 있었는데, 이곳에는 모두 60명의 스태프와 파트타임으로 일하는 900명 가량의 자원봉사자가 있다고 한다. 정규직이라 할 수 있는 스태프는 전문적인 교육을 받은 전시관 디렉터들이 대부분이고, 자원봉사자들은 미리 마련된 가이드북으로 교육을 받긴 하지만 전문가들은 아니라고 한다. 슈퍼카미오칸데를 설명하고 있는 이분도 물리학에 대한 지식은 없지만 가이드북을 통해 전시물을 설명할 수 있을 정도만큼은 지식을 얻을 수 있었다고 했다. 또한 대다수의 자원봉사자들은 가이드북 학습과 함께 전에 활동했던 사람들에게 전시물에 관련된 내용을 전수받는다고 한다.

방학이라서 자원봉사자 수가 더 많아졌는지 모르지만, 거의 모든 부스에

하와이의 마우나케아에 위치한 일본의 스바루 망원경 모형. 버튼으로 망원경을 직접 움직여 볼 수도 있다.

뉴트리노는 원자핵이 붕괴할 때 생성되는 입자 중 하나로, 중성미자라고도 불린다. 이론물리학자인 파울리가 그 존재를 예언한 1931년 이래로 여러 연구를 통해 뉴트리노의 존재가 사실로 받아들여졌다. 고시바 마사토시 박사는 1987년, 슈퍼카미오칸데의 전신인 가미오칸데를 이용해 우주로부터 지구로 날아온 뉴트리노를 검출하였고, 1998년에는 슈퍼카미오칸데를 이용해 뉴트리노 진동현상을 관측했다. 이 현상은 이제까지 알려진 세 가지 종류의 뉴트리노(전자 뉴트리노, 타우 뉴트리노, 뮤온 뉴트리노)가 별개로 존재하는 것이 아니며, 서로 변환될 수 있음을 나타내는 것이었다. 무엇보다 뉴트리노 진동현상의 중요성은 뉴트리노가 질량을 갖고 있음을 말해준다는 데 있다. 이는 입자 물리의 일대 변혁을 이끄는 발견이었고, 뉴트리노 진동에 대한 수많은 논쟁을 가져온다. 그리고 마침내 2001~2002년, 캐나다 온타리오 주에 있는 서드베리 뉴트리노 천문대 과학자들에 의해 뉴트리노 진동 또는 형태 변화 가능성을 강력히 시사하는 증거가 발견되었다. 고시바 마사토시 박사의 노벨상 수상은 바로 이러한 뉴트리노 진동 발견의 공로를 인정받은 결과라 할 수 있다.

걸쳐 자원봉사자들이 관람객들 옆에 서서 이야기를 들려주고 있었다. 일본 과학관의 특이한 점 중 하나가 이렇게 풍부한 자원봉사자 인력을 활용한 서비스인데, 화려하진 않아도 이런 조그만 배려들이 과학관의 효율성을 극대화할 수 있는 좋은 방법이라는 생각이 들었다. 결국 과학도 할머니가 들려주는 재미난 이야기처럼 다가올 때 사람들에게 친근하고 재미있게 다가올 수 있을 테니까.

실제로 과학미래관이 중점을 두는 부분 중 하나는 사람을 통한 과학지식의 전달이라고 한다. 최첨단 과학은 해당 영역의 전문가가 아니고서는 동료 과학자들조차 이해할 수 없을 만큼 어려운 것이 보통이다. 누군가

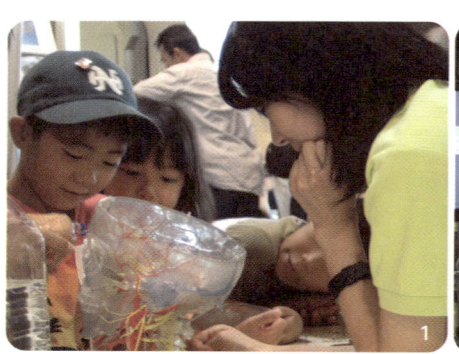

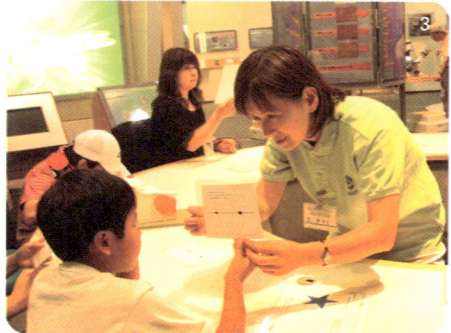

1 자원봉사자와 함께 뇌 모형을 직접 만져보는 어린이.
2 전시실의 한쪽에서는 자원봉사자가 관람객들을 모아놓고 미니강연을 열고 있었다.
3 과학관을 찾은 어린이에게 착시현상에 대해 설명하는 자원봉사자.

6층은 관람객들이 직접 기구들을 조작해볼 수 있는 체험공간이다.

영구자석과 초전도체를 이용하여 달리는 과학미래관의 자기 부상 열차 Mirai Can Maglev.

가 이해할 수 있는 쉬운 말로 풀어서 설명해주지 않으면 아무리 화려한 과학관의 시설도 무용지물인 것이다. 과학미래관은 이러한 문제점을 극복하기 위해 전문 해설자 제도를 운영하고 있었다. 과학자와 일반 시민을 연결해주는 이런 전문 해설자들은 자원봉사자들과 더불어 과학미래관 곳곳에서 만날 수 있어서, 궁금한 점이 있으면 언제든 찾아가 물어볼 수 있도록 관람객을 배려하고 있었다.

1, 2 장난감에서부터 전문서적까지, 다양한 물건이 진열되어 있는 기념품 가게. 과학관의 기념품 가게는 재미있는 볼거리가 많아 꼭 들러봐야 할 필수코스이다. 우주인의 먹거리들은 과학관에서 빠지지 않는 단골 상품.
3 과학미래관에서 발간하는 잡지 《미사이 매거진(MeSci Magazine)》.

나에게 과학이란

아침부터 메뚜기처럼 뛰어다니며 과학미래관을 휘젓다 보니 슬슬 피곤이 밀려왔다. 다행히 시간은 세 시 반을 가리키고 있었고 미리 예약해두었던 플라네타리움 공연이 시작될 시간이었다. 사람들이 극장으로 향하고 있었다. 데이트 나온 연인들과 중년의 신사, 백발의 노부부까지 과학미래관은 의외로 나이 지긋한 성인들이 많이 찾는 장소인 듯했다.

이전까지 볼 수 있었던 그 어떤 플라네타리움보다 더 많은 별을 보여준다는 돔 극장 가이아의 프로그램 제목은 〈뉴 뷰(The New View)〉. 도심의 하늘에선 보기 힘든 많은 별들을 볼 수 있다는 설렘을 안고서 150도 뒤로 젖혀지는 의자에 푹 몸을 묻었다. 까만 하늘에 점점이 박힌 별들이 소용돌이 쳤다. 외국인 관람객을 위해 마련된 영어 해설 키트에선 부드러운 성우의 음성이 흘러나왔다.

과학미래관 관람을 마치고 오다이바의 한 쇼핑센터에 들렀다. 도쿄의 물가가 만만치 않았기에 수많은 유혹을 뿌리치고 가장 저렴한 돈가스 집을 찾았다. 그래도 운이 좋았는지 오다이바의 인공 백사장이 한눈에 내려다보이는 테라스에 자리를 잡을 수 있었다. 한때 쓰리기 매립지였다는 것이 믿기지 않을 정도로 아름다운 해변, 그리고 그 위로 드리워진 붉은 노을이 한껏 분위기를 잡아주었다. 한국에서 먹던 것과 별반 다르지 않은 돈가스를 먹으며 생각해본다. 나에게 과학이란 무엇일까?

나에게 과학은, 짧게는 앞으로 남은 보름간의 일본 여행에서 건져 올려야 할 수많은 글감이며, 길게는 살아가는 동안 사람들과 나눠야 할 길고긴 대화일 것이다. 자, 그럼 당신에게 과학은 무엇인지?

일본과학미래관 www.miraikan.gr.jp/

+ 주소   도쿄도 고토구 아오미2-41(東京都江東区海2-41)
+ 교통   유리카모메선 배의 과학관 역 하차, 도보 약 5분, 유리카모메선 텔레콤 센터 역 하차, 도보 약 4분
+ 전화   03-3570-9151
+ 개관   오전 10시 ~ 오후 5시
+ 휴관   매주 화요일, 연말(12월28일~1월1일)

2부

연구실의 과학,
일본인의 생활 속으로 파고들다

01 만화 주인공 아톰, 현실이 되다

다카다노바바 역에서 들려오는 멜로디

도쿄 지하철 야마노테센 다카다노바바 역, 열린 지하철문 사이로 익숙한 멜로디가 들린다. 무슨 노래지? 멜로디를 따라 흥얼거리다보니 생각났다. "푸른 하늘 저 멀리 랄랄라 힘차게 나는 / 우주소년 아톰 용감히 싸워라 / 언제나 즐겁게 랄랄라 힘차게 나는 / 우주소년 아톰 우주소년 아톰" 〈우주소년 아톰〉 주제가였다. 지하철이 다카다노바바 역에 정차할 때면, 아톰 주제가를 들을 수 있다. 다카다노바바, 그곳이 바로 만화 주인공 아톰의 고향이기 때문이다. 지하철역에서 흘러나오는 만화영화 주제가? 일본 사회에서 아톰은 인기 만화영화를 넘어선 의미를 가지고 있다.

우리에게도 친숙한 아톰은 1963년 1월 데츠카 오사무에 의해 최초의

아키하바라 전자상가에서도
쉽게 아톰을 볼 수 있다.

텔레비전 만화영화 시리즈 〈우주소년 아톰〉에서 탄생했다. 따뜻한 마음을 가진 아톰은 만화영화 속에서 지구의 평화를 지켰는데, 현실에서도 아톰은 제2차 세계대전 패전으로 절망에 빠져 있던 일본 사람들에게도 긍정적인 기운을 불어넣었다. 원자폭탄 투하로 패전한 일본 사람들에게, 원자력으로 움직이며 악당들을 물리치는 아톰은 새로운 희망을 전해주었기 때문이다. 당시 아이들에게 로봇에 대한 긍정적인 생각들을 심어주었고, 특히 과학자를 꿈꾸는 아이들에게 충분한 동기부여 역할을 했다. 아톰 탄생 후 반세기가 지난 지금 과학자를 꿈꾸던 아이들은 일본 과학을 이끄는 주역이 되었고, 아톰은 일본 과학 발전과 그 원동력의 상징으로 여전히 일본인들의 마음 속에 살아 숨쉬고 있다.

이런 배경을 보면, 다카다노바바 역에서 우주소년 아톰 주제가를 들을 수 있는 건 당연하지 않을까? 로봇 분야에서 미국이나 유럽이 기술적으

1. 만화 주인공 아톰, 현실이 되다

로 앞서가고 있지만, 로봇에 대한 관심과 열정만큼은 일본인들을 따라갈 수 없을 것 같다. 공장에서 이용되는 산업용 로봇은 물론 사람과 같이 두 발로 걷는 휴머노이드 로봇, 강아지와 같은 애완용 로봇이 개발되었다 하면 거의 다 '메이드 인 재팬'이라고 해도 과언이 아니다. 우리는 일본 과학미래관뿐만 아니라 일본을 여행하는 내내 곳곳에서 (심지어 아키하바라 뒷골목에서도) 살아 있는 아톰의 다양한 모습을 만날 수 있었다.

동화책 밖으로 나온 피노키오

아톰으로부터 시작된 일본 로봇 기술의 현재를 보기 위해 우리는 오다이바에 위치한 일본과학미래관을 찾았다. 일본과학미래관은 일본의 최신 과학기술과 미래상을 보여주는 일본 최대의 과학관인데, 3층 전시관에서는 특히 '혁신과 미래'라는 주제로 일본 로봇 기술의 발전과정과 휴머노이드 로봇을 비롯한 산업용 로봇, 구조 로봇 등 다양한 로봇들이 전시되어 있다. 또한 혼다에서 개발한 휴머노이드 로봇 아시모(ASIMO)가

::
1 과학미래관 입구에서 손님들을 맞이하는 아톰.
2 아톰과 관련된 기념품이 많다. 아톰이 되어보자.

아르바이트를 하고 있어, 이를 보기 위해 많은 사람들이 찾기도 한다. 일본과학미래관 입구에 들어서자 우주소년 아톰이 우리를 반갑게 맞이 했다.

　3층 전시관을 돌아보던 중 코가 길쭉하니 피노키오를 닮은 휴머노이드 로봇이 눈에 들어왔다. '피노(PINO)'라고 이름이 붙여져 있는데, 설명에 따르면 꼭두각시 인형 피노키오에서 착안하여 만들어졌다고 한다. 1883년 카를로 콜로디가 쓴 『피노키오의 모험』은 인간이 되고자 하는 로봇에 대한 가장 오래된 동화로 알려져 있다. 꼭두각시 나무인형 피노키오가 요술로 살아 움직이고 인간이 된다는 설정은 120년이 지나 스티븐 스필버그의 영화 〈A. I.〉에서 그대로 이어졌고, 피노와 같이 휴머노이드 로봇의 이름으로 붙여질 정도로 파급력이 대단한 것 같다.

사람들에게 어린 시절이 있듯이, 처음 개발될 당시 피노는 걸음마를 갓 시작한 갓난아기의 모습으로 디자인되었다고 한다. 갓난아이와 같이 자그마한 모습에 뾰족한 코는 영락없이 동화 속의 피노키오를 빼닮았다. 이런 피노의 모습에는 다른 로봇 기술에 비해 본격적인 개발이 시작된 지 얼마 되지 않은 휴머노이드 로봇 기술의 가능성과 불완전성을 표현하려는 제작자의 의도가 담겨 있다. 피노의 제작사인 ZMP는 최초로 로봇 디자인을 공개함으로써 누구나 피노를 만들 수 있도록 하여 휴머노이드 로봇 대중화에 앞장섰다. 피노는 이미 우리나라에서도 출시되었으며, 이와 관련한 동호회가 많이 활동한다고 한다.

　피노의 가장 큰 매력은 무엇보다도 사용자와의 다양한 커뮤니케이션을 통해 성장한다는 데 있다. 이는 머리에 위치한 광, 오디오, 적외선, 촉감

::
1 가만히 앉아 명령을 기다리는 아이보.
2 아이보가 사람들의 명령에 반응하고 있다.
3 아이보 공연을 보러 온 사람들. 도우미가 아이보의 기능에 대해서 설명하고 있다.
4 축구하는 아이보.

의 센서 4개와 양 손에 각각 있는 2개의 촉감 센서를 통해 외부 자극을 인식해 반응하며 이루어진다. 피노는 아래와 같이 세 가지 성장단계를 통해 아이에서 어른으로 진화한다.

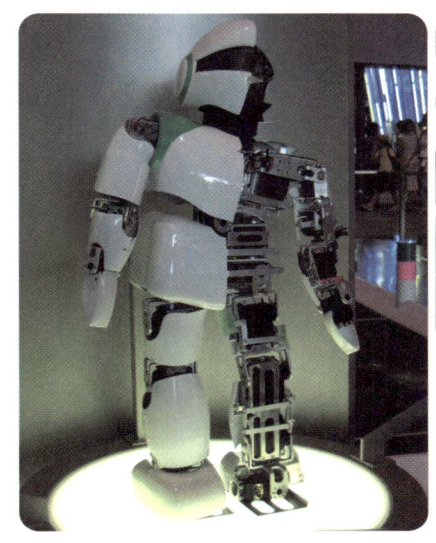

휴머노이드 피노.

성장단계 1	백지와 같은 상태로 아직 걷지 못하고, 단순한 로봇 언어만 구사한다. 간단한 동작을 할 수 있고, 광센서나 오디오센서에 반응하지 않는다.
성장단계 2	걸을 수 있으며, 인간의 언어에 가까운 피노 언어를 사용한다. 노래를 부르며 광센서와 오디오 센서를 이용해 인간과 함께 게임을 할 수 있는 단계다.
성장단계 3	사람과의 진보적인 커뮤니케이션을 할 수 있다. 사람과 대화하는 과정에서 피노의 성격이 결정되고, 다른 피노와 대화를 나눌 수 있다.

피노의 성장단계를 보고 나니, 휴머노이드 로봇의 미래에 대한 고민이 생겼다. 제페트 할아버지가 만든 피노키오처럼 피노는 언젠간 인간으로 살아갈 수 있을까? 실제 피노키오와 아톰은 21세기 로봇 기술로는 도달하기 힘든 허상에 지나지 않는다. 사람과 같은 감성을 지닌 로봇 개발이라는 불가능해 보이는 목표에 일본은 지나치게 많은 에너지를 소모하는

것은 아닐까? 하지만, 만화영화 아톰을 보고 자란 과학자들의 손에서 여전히 피노는 사람으로의 진화를 꿈꾸고 있는 것 같다.

사람과 같은 공간에서 같은 모습으로

아시모의 공연시간이 다가오자 무대 앞은 아시모를 구경하려는 사람들로 북적이기 시작했다. 엄마 손을 잡고 온 어린아이들 뿐만 아니라 할아버지, 할머니까지 새로운 것에 대한 호기심은 남녀노소를 가리지 않는 것 같다. 예정된 시간이 되자 유리문이 열리며 아시모가 성큼성큼 씩씩하게 발을 내딛어 무대로 나왔다. 아장아장 거리는 걸음걸이로 몸을 푸는가 싶더니 '미나상, 곤니찌와(여러분, 안녕하세요)' 라고 손을 흔들며 반갑게 인사하는 모습에서 어린애가 첫걸음마를 떼는 모습과 같은 뿌듯함이 밀려왔다.

아시모에 대해 큐레이터가 자세하게 소개하자 모두가 집중했고, 큐레이터의 말에 아시모는 기다렸다는 듯이 움직이기 시작했다. 손가락으로 숫자를 세고, 양손을 흔들고, 앞으로 걷고, 뒤로 걷고, 계단을 오르내렸다. 이를 지켜보는 사람들 모두가 입을 맞춰 '스고이(훌륭해)' 를 연발하고 있으니, 마치 서울 명동 한복판에서 인기 가수의 공연을 지켜보는 것 같았다. 공연을 마치고 손을 흔들며 제자리로 돌아가는 모습에서는 무대생활을 오래한 노련한 배우의 모습마저 엿보였다.

2000년 혼다에서 발표한 휴머노이드 로봇 아시모(ASIMO)는 '혼다 사피엔스' 라는 신조어를 만들어낼 정도로 일본에서 큰 반향을 불러일으키며 휴머노이드 로봇의 대표이자 상징이 되었다. 아시모는 신장 160센티

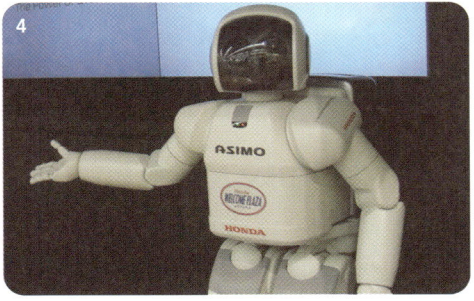

1 국립과학미래관의 아시모.
2 혼다 웰컴 프라자 아오야마의 아시모.
3 아시모 공연을 보기 위해 국립과학미래관에 모인 사람들.
4 혼다 웰컴 프라자 아오야마에서 인사를 하는 아시모.

미터의 키에 인간에 가까운 모습을 하고, 전진과 후진, 방향 이동은 물론 계단을 오르내릴 수 있는 이족 보행 휴머노이드 로봇이다. 아톰의 다리에서 영감을 받아, 1986년 혼다의 연구원들이 이족 보행 로봇을 개발하기 시작했는데, 무려 15년 동안 2,000억 원이라는 돈을 들이고 나서야 아시모는 탄생할 수 있었다. 아시모에 앞선 모델인 휴머노이드 로봇 P1은 한 걸음을 내딛는 데 16초가 걸렸었다. 아시모가 1초도 채 안 되어 걸음 내딛는 걸 보면, 아시모가 일본 로봇 기술의 첨단을 보여주고 있음이 분명했다.

로봇이 장소를 옮기는 데 가장 효과적인 방법은 무엇일까? 바로 바퀴를 이용하면 된다. 바퀴는 물건을 옮길 때 저항을 최소화하는 이상적인 장치이기 때문이다. 물론 다리를 이용하면 계단을 오르내리거나 험한 길에서 유리하지만, 로봇의 관절을 구성하는 수많은 모터들을 제어해 걸음걸이를 만들어내는 일은 굉장히 어렵다. 휴머노이드 로봇의 가장 큰 특징이 '팔다리를 가지고 두 발로 걷는다'에 있으니, 바꿔 말하면 휴머노이드 로봇은 생긴 것과 다르게 실용성과는 담을 쌓았다고 보면 된다. 실제로 이족 보행 로봇 기술에서 최고라고 자부하는 아시모조차 고작 시속 2킬로미터에도 못 미치는 속도로 어슬렁거린다. 게다가 로봇 개발에 투자한 자금과 시간에 비해 이벤트 행사의 눈요기 이상의 구매 수요가 없어 경제성마저 없는 실정이다.

그런데도 일본이 휴머노이드 로봇 개발에 열을 올리는 이유는 뭘까? 첫째는 두발로 움직이는 로봇은 사람들이 다닐 수 있는 공간이면 어디서나 사람과 같은 방식으로 일할 수 있다는 것이다. 휴머노이드 로봇은 다른 로봇과는 다르게 사람이 살아가는 공간에서 함께 살아가는 데 아무런 문제가 없어야 한다. 또한 우리와 같이 방청소를 하고, 설거지를 하고, 책상에 앉아 책을 읽어줄 수 있게끔 설계되어야 한다. 최근 수억 년에 걸친 자연의 변화에 적응한 생물의 모양과 기능을 생활에 유용하게 활용하고자 하는 생체모방공학이라는 학문이 주목받고 있는데, 휴머노이드 로봇 또한 진화의 원리를 이용해 조금씩 사람들을 닮아간다는 생각이 든다.

다음으로 일본인들은 "인간과 로봇이 공존하려면 사람과 형태가 비슷해야 감성적 교류가 더욱 쉽겠죠."라고 말한다. 이는 분명 휴머노이드 로봇 개발에 회의적인 미국이나 유럽과 같은 로봇 선진국과는 다른 점이다. 우주소년 아톰을 보고 자란 일본인들이기에 '로봇이란 사람 모양을 하고 있어야 한다'고 생각하는 것이다. 청소기 로봇에게 애정을 줄 순 없지 않은가! 아톰과 같이 감성을 지닌 휴머노이드 로봇의 개발은 일본에게 경제적 가치를 뛰어넘어 어린 시절부터 꿈꾸던 이상을 실현하는 셈이다.

과거 에도시대에는 '가라쿠니'라는 자동 인형이 있었는데, 그 당시 사람들은 가라쿠니 인형을 우상화했다고 한다. 특히 상인들은 축제에서 자신들의 재력을 과시하기 위해 가라쿠니 기술자들에게 지원을 아끼지 않았다. 가라쿠니 제작은 산업발전은 물론 쌀 증산에도 기여하지 못했지만 사람들에게 즐거움 그 자체였다. 일본의 휴머노이드 로봇 기술은 마치 에도시대의 가라쿠니 인형을 생각나게 한다. 한편에서 일본은 어쩜 로봇 기술의 우위를 휴머노이드 로봇의 이족 보행이라는 극적인 퍼포먼스를 통해 과시하고 있는 것은 아닐까.

걷는 아시모 위에 달리는 큐리오 있다

큐리오는 2003년 소니사에서 개발한 휴머노이드 로봇인데 5만여 개의 단어를 알아들을 수 있다. 하지만 큐리오의 진정한 매력은 달리기에 있다. 로봇이 움직이는 동안 균형을 유지하는 것이 어렵기 때문이다. 그래서 아시모가 처음 개발되었을 때 세간의 주목을 받았던 것이고, 빠르게 움직이는 큐리오를 일본 휴머노이드 로봇 기술의 첨단이라고 할 수 있는 것이다.

아시모와는 달리 안타깝게도 일본에는 큐리오를 상설 전시하는 곳이 없다. 하지만 운이 따랐을까? 우리에게 큐리오를 만날 수 있는 좋은 기회가 생겼다. 일본 방송사 NHK는 첨단 제품과 그 연구과정을 소개하는 다큐멘터리 〈프로젝트 X〉라는 프로그램을 방영하고 있었는데(예전에 KBS에서 방송하던 〈신화창조의 비밀〉이라는 프로그램과 비슷하다), 마침 그 프로그램의 전시회가 열렸던 것이다. 물론 그 전시회에 큐리오 전시 일정도 있었고, 우리가 도쿄에 머무는 일정과 절묘하게 겹쳤으니, 이 얼마나 운이 좋은가! 도쿄돔 시티프리즘 홀을 찾았을 땐, 프로젝트 X에서 소

1 프로젝트X는 만화책으로도 만들어졌다.
2 프로젝트 X 특별전.

개된 첨단 연구성과물들이 전시장을 가득 메우고 있었다. 연구성과와 함께 개발 과정이 자세하게 소개되어 있어, 성과물 하나하나에 담긴 연구원들의 노고를 있는 그대로 느낄 수 있었다.

그 중에서도 가장 사람들의 관심을 끈 것은 역시 오전 11시에 있었던 휴머노이드 로봇 큐리오의 공연이었다. 과학미래관에서 아시모 공연을 멀리서 봐야 했던 우리는 일찌감치 앞자리를 차지했다. 소니의 큐리오 개발자 야마쓰타 씨 품에 안겨 큐리오가 등장했다. 큐리오의 제작과정이 담긴 동영상이 끝나자 본격적인 공연이 시작됐다. 부채를 들고 음악에 맞춰 춤을 큐리오. 어슬렁거리던 아시모의 움직임과 달리 큐리오는 관절 하나하나 놀랄 정도로 자연스러운 움직임을 보였다. 부채춤에 이어 북치는 공연을 하는데, 어쩜 그리 신기하던지. 야마스타 씨는 '휴머노이드를 만드는 것은 단순한 기계 제작이 아닌 인간을 이해하는 일이다'라고 했다. 휴머노이드 로봇의 연구는 기술에 앞서 먼저 인간을 새롭게 이해하는 계기가 되고 있는 것이다.

소니는 큐리오 개발에 앞서 1999년부터 아이보(AIBO)라는 인공지능 로봇 강아지를 만들어 판매하고 있다. 아이보를 그저 서너 살 때 가지고 놀던 멍멍이 장난감으로 생각하지 말길. 아이보는 주인의 말을 알아듣고 살아 있는 강아지와 비슷한 행동을 하도록 만들어졌다. '앉아', '손', '앞으로' 등 수십 가지 사람들의 말을 알아듣고 움직인다. 또한 행동 패턴을 프로그래밍할 수 있으며, 외부 자극에 대해 학습을 하기도 한다. 춤도 추고, 축구도 하는 아이보의 등장으로 나타난 아류작인 잡종 로봇 강아지도 수십 가지가 넘지만, 아이보가 전시된 곳이면 어김없이 꽉 메운 아이들을 보면 여전히 인기 스타임에 틀림이 없다. 아이보는 소니 쇼룸

::
1 큐리오.
2 큐리오 만세.
3 큐리오의 웨이브 댄스.
4 북치는 큐리오.

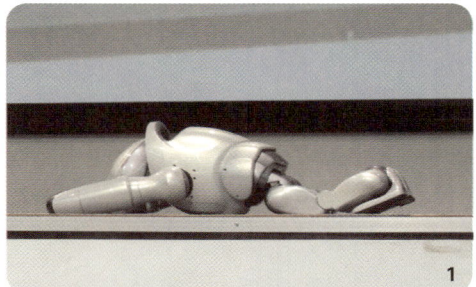

::
1, 2 넘어져도 일어서는 큐리오. 넘어져도 일어서는 큐리오.
3 공연을 마치고 손을 흔드는 큐리오.
4 큐리오 개발자 야마스타 씨가 큐리오에 대해 설명하고 있다.

이나 과학미래관에서 쉽게 만날 수 있다. 아이보를 데리고 공원으로 산책 나온 큐리오. 상상만으로도 유쾌하다! 뿡야!

아톰을 보고 자란 이 아이는 50년 후 휴머노이드 아톰을 일으켜 세운다

시골에 살던 어린 시절을 돌아보면 친구들과 냇가로 물고기 잡으러 다니고, 골목에서 축구를 하고, 만화영화를 보던 것들이 생활의 전부였던 것 같다. 그 중 텔레비전에서 하는 만화영화가 바뀔 때마다 운동화와 장난

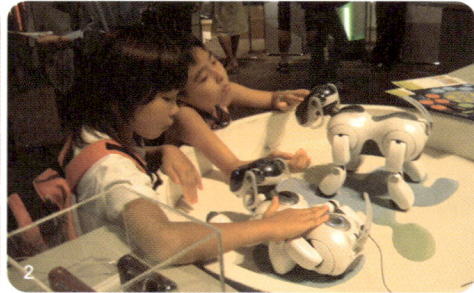
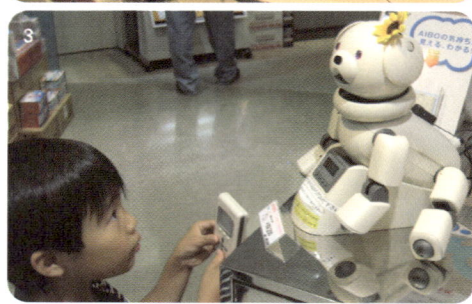

::
1 소니 아이보.
2 아이보를 구경하는 아이들.
3 리모콘으로 아이보를 조종하는 아이.

감이 바뀔 정도로 만화영화는 큰 기쁨이었다. '로봇 태권V'와 '마징가 Z'가 싸우면 누가 이길까? 친구들을 만나면 항상 웃으면서 그런 얘기를 나눴다. 물론 로봇 태권V도 멋있었지만, 감정을 가지고 사람과 함께 어울리며 악당들을 물리치는 아톰이야말로 단연 최고였다.

아톰에 푹 빠져 있는 내게 형이랑 누나가 충격적인 발언을 하고야 말았다. '아톰, 일본 만화야!' 물론 일본 만화라는 사실에 적잖은 실망도 했지만, 태권V 같은 국보급 문화재를 우리나라 토종 과학기술 컨텐츠로 꾸준히 발전시키지 못한 상대적인 박탈감에 비할 바가 못 된다. 일본 어디서건 볼 수 있는 아톰에서 일본 첨단 과학기술을 지탱하는 수준 높은 과학문화의 힘을 느꼈기 때문이다. 과학미래관에서 아시모를 보며 연신 스고이를 외치는 할아버지, 할머니. 남녀노소 가릴 것 없이 과학관 관람이 일상적인 일본인들의 모습에 낯섦도 느꼈지만, 그 한편에 더 큰 부러움이 있었던 것도 그 때문이라 생각한다.

우리나라는 미비한 원천기술과 협소한 시장규모로 휴머노이드 로봇 개발 분야에 소극적인 편이었으나, 최근 한국과학기술원(KAIST) 오준호 교수팀의 휴머노이드 로봇 휴보(HUBO)의 개발로 우리나라에서도 '휴머노이드 로봇 개발'에 대한 관심이 늘어나기 시작했다. 또한 지능형 로봇 개발이 신성장동력사업으로 선정되는 등 정부의 지원도 적극적으로 변하고 있다. 하지만 일본에서 본 아톰과 같이 전 국민적인 공감대를 이끌어내는 문화적 지원 없이 로봇 강국으로의 지속적인 발전은 힘들지 않을까 싶다.

국정홍보처가 제작한 다이나믹 코리아 광고 중 '48년 후 이 아이는 우리나라 최초의 인공위성을 쏘아 올립니다' 라는 멘트가 있었는데, 일본이라면 이런 광고를 해도 좋을 것 같다. '아톰을 보고 자란 이 아이는 50년 후 휴머노이드 아톰을 일으켜 세웁니다.'

소니 쇼룸 http://www.sonybuilding.jp

✚ 주소 | 도쿄도 주오구 긴자5-3-1 소니 빌딩(東京都中央区銀座5-3-1)
✚ 교통 | 긴자선·히비야선·마루노우치선 긴자 역 B9출구에 바로 연결, JR 유라쿠초 역에서 도보 5분
✚ 전화 | 03-3573-2563
✚ 개관 | 오전11시 ~ 오후 7시

혼다 웰컴 프라자 http://www.honda.co.jp/welcome-plaza
아시모(ASIMO) http://asimo.honda.com
피노(PINO) http://www.zmp.co.jp

02 회색 빌딩 숲을 푸르게 하는 자동차

아침 식사를 마치고 호텔을 나서자마자, 도쿄의 지독한 더위는 기다렸다는 듯이 순식간에 우리를 감싸안았다. 습한 여름 날씨에 아스팔트 도로에서 뿜어대는 열기탓인지, 숨이 콱콱 막힌다. 가는 날이 장날이라고, 이렇게 몇십 년 만에 찾아온 무더위는 여행하는 내내 우리를 괴롭혔다. 시골 고향집 냉장고 안의 수박 한 통이 그렇게 그리울 수 없다. 나무 그늘 아래 누워, 그저 논밭에서 살랑살랑 불어오는 시원한 바람만이라도 맞고 싶다고 생각하지만, 우리가 머무는 이곳은 도쿄의 부도심 이케부쿠로가 아니던가. 나무 그늘 대신 빌딩 숲이 있고, 논밭이 있어야 할 자리엔 매끈하게 포장된 아스팔트 도로가 생겨나 자동차들이 가득 메우고 있다. 이는 비단 이케부쿠로만의 문제는 아니다. 어느 나라 도심이건 자동차의 배기가스, 뜨거운 아스팔트, 바람을 막는 빌딩 숲으로 인해 도시 외곽 지역보다 기온이 높아지는 열섬 현상을 앓고 있는 것이 현실이다.

자동차로 가득한 도로.

오늘은 오다이바에 있는 자동차 쇼룸 메가웹(Mega Web)을 보러 가는 날이다. 거리에 가득한 차를 보는 것만으로도 어질어질 현기증이 날 지경인데, 뭐? 자동차 보러 가자고?

메가웹에 가기 전엔 쇼룸을 몰랐다

오다이바의 원래 이름은 시나가와다이바인데, 에도 시대 개항을 선언하기 이전에 서양 함선의 침입을 막기 위해 대포를 설치한 인공섬이었다. 그 후 쓰레기 매립지로 이용하다가, 도심의 지나친 팽창을 보완하기 위해 정부가 시간과 비용을 투자해 새로운 인공섬으로 만들었다. 오다이바는 도쿄에서 멀지 않고 다양한 공원이나 위락시설이 들어서 있어, 도쿄 여행자라면 한 번씩은 꼭 들르는 곳이다. 실제로 일본과학미래관, 메가

::
유리카모메 창 밖으로 펼쳐진 바다 풍경

웹, 파레트 타운, 조이폴리스, 후지 TV 본사 등이 있어 오다이바에서의 하루는 지루할 새가 없다고 할 정도고, 특히 레인보우 브릿지의 야경은 도쿄의 젊은 연인들의 발걸음을 이끌 정도로 아름답다.

무인 전동차 유리카모메를 타고 아오미 역에 내리니 상큼한 바다 냄새가 코를 찌른다. 바다에서 불어오는 시원한 바람에 이케부쿠로에서 느꼈던 더위와 짜증을 한 번에 날려 보냈다. 역에서 시작된 통로는 우리가 방문하려는 메가웹과 바로 연결되어 있었다. 메가웹은 도요타의 일본 최대 규모를 자부하는 자동차 전시장이며, 시티 쇼케이스(City Showcase), 히스토리 개리지(History Garage), 유니버설 디자인 센터(Universal Design Center) 등이 있다.

우리는 먼저 도요타에서 현재 시판 중인 차종은 물론 컨셉트 카까지 모두 구경할 수 있는 시티 쇼케이스를 찾았다. 우와! 전시관에 들어가자마자 눈이 휘둥그레졌다. 경차에서부터 중형 세단에 이르기까지 100여 종이 넘는 차가 전시관을 가득 메우고 있는 게 아닌가. 자동차 한 대 구경

1 메가웹.
2 메가웹 야간 풍경.
3 메가웹 시티 쇼케이스.

하는 데 1분씩만 잡는다 해도 모두 보려면 2시간은 족히 걸리지 않을까 싶은데, 이거 타볼 수는 있는 거야?

한국에서 자동차 전시장을 지나다 근사한 세단을 마주칠 때면 '운전대 한 번 잡아보고 싶다'는 생각을 많이 했었다. 하지만 자동차를 사려고 하지 않는 이상, 전시장 안에 들어가 '한 번만 앉아만 봐도 될까요?' 하며 말을 꺼내는 건 보통 용기가 필요한 일이 아니다. 일본에서도 그럴까? 아니다. 일본의 자동차 쇼룸에서는 누구나 자동차에 올라 운전대를 잡아볼 수 있다. 실제로 데이트를 하는 커플, 엄마 아빠 손잡고 나온 어린아이들마저 드라이버가 되어 그 순간을 즐기고 있었다. 한국에선 불편하기만 한 자동차 전시장인데, 일본은 상황이 달랐다. 이유는 뭘까?

그 이유는 가장 일본다운 볼거리 중 하나인 쇼룸(Show Room)에서 찾

1 레이싱카도 전시되어 있다.
2 쇼룸에서는 나도 속도 매니아.
3 신제품 노트북을 이용할 수 있다.
4 게임도 마음껏 할 수 있다.

을 수 있다. 도요타의 메가웹은 일본의 대표적인 자동차 쇼룸이다. 메가웹과 같이 대부분의 쇼룸은 기업에서 자사의 제품을 홍보하기 위해 운영하고 있는데, 소니, 도시바, 파나소닉 등 일본 굴지의 전자제품 회사들도 개발한 신제품을 경쟁적으로 쇼룸을 통해 홍보한다. 첨단을 추구하는 일본 신세대들의 정신과 새로운 기술에 대한 호기심이 맞물려 쇼룸이라는 일본만의 새로운 전시문화로 발전한 것이다.

쇼룸의 가장 큰 매력은 전시된 제품들을 직접 만져볼 수 있다는 데 있다. 신형 자동차를 타고 기념 촬영하는 것은 물론이고 신제품 노트북으

1 아이들을 위한 자동차 모양 도시락.
2 아이들을 위한 프로그램, 찰흙놀이.
3 아이에게 자동차를 설명하는 할아버지.
4 자동차 운전을 하는 아이.

로 웹서핑을 하고 대형 스크린으로 새로 나온 게임도 할 수 있다. 쇼룸의 목적이 제품 홍보에 있으니 오다이바, 긴자, 이케부쿠로 등 사람이 많이 찾는 번화가 중심으로 자리하는 것은 당연지사. 대부분의 쇼룸이 무료로 운영되고 있어, 무일푼으로 일본을 여행하는 우리에게 달콤한 유혹이 되었고, 우리는 모자라는 시간을 원망해야 했다.

메가웹이 신형 자동차나 자동차와 관련된 첨단 기술을 전시하는 곳이라고 해서 주 고객층인 어른들만을 방문 대상으로 하진 않는다. 오히려 아이들을 위한 전시물을 쉽게 접할 수 있었는데, 그 중에 과학관에서나 전시할 만한 태양열 자동차도 있었다. 아이들이 직접 빛을 이용해 모형 자동차를 움직이도록 하여 태양전지 자동차의 원리를 이해할 수 있게 하는 학습 코너가 자동차 전시장에 있다. 자동차가 그려진 종이를 들고 전시장 곳곳에 스탬프를 받으러 다니는 아이들. 여기는 혹시 자동차를 테마로 한 놀이동산?

앞서가는 일본의 미래형? 친환경 자동차 기술

메가웹에는 자동차를 직접 시승할 수 있는 유료 시설이 있다. 마음에 드는 자동차를 골라 메가웹 주변을 드라이브할 수 있는 '라이드 원(Ride One)'이다. 국제 운전 면허증을 가지고 있어야만 이용할 수 있기에 한국에서 국제 운전 면허증을 발급받아 갔지만, 장롱 면허인터라 멋쩍게 웃으며 드라이브를 포기해야 했다.

장롱 면허를 가지고 있거나 운전 면허증이 없는 사람들을 위한 드라이브 시설도 있는데, 초미니 전기 자동차를 타고 시티 쇼케이스를 둘러볼

:: 이컴 라이드의 전기자동차.

수 있는 '이컴 라이드(E-com Ride)'다. 이컴 라이드에서 이용 가능한 2인승 미니 전기 자동차는 회사 통근을 위해 개발된 차량으로 200볼트 전압으로 충전하고, 최대 2시간 정도 달릴 수 있다. 최고 시속 100킬로미터라는 말에 시승해보기로 했다.

  탑승구에서 직원들이 간단한 주의사항을 알려줄 뿐, 이컴 라이드의 전기 자동차는 조종실의 전산 시스템에 의해서 자동으로 움직인다. 탑승하고 안전벨트를 매자 자동차는 서서히 움직이기 시작했다. 시원한 바람을 가르며 달리고 싶은 마음에 비해 너무 얌전한 속도로 달리는 전기 자동차. 하지만 저절로 움직이는 핸들이며, 각종 센서를 통해 앞에 가는 다른 자동차와 같은 거리를 유지하거나, 장애물이 발견되면 정차하는 전기 자동차는 이를 이용하는 아이들에게 10년 후에나 상용화될 만한 미래 자동차 기술을 미리 경험하게 하는 데 충분했다. 메가웹 관계자는 "이곳을 거쳐간 아이들은 일본 자동차와 산업에 대한 큰 자부심을 갖고 돌아간다."고 자랑했다.

  요즘 같은 고유가 시대에 전기 모터를 사용하는 전기 자동차가 매력적으로 보이지만, 자동차의 배터리 가격이 아주 비싸고 전기를 충전하는 충전소와 같은 인프라가 부족해 실질적인 이용 효율이 떨어진다. 도요타는 이를 극복하기 위해 가솔린 자동차와 전기 자동차의 장점만을 결합해 하이브리드 엔진 기술을 개발하여 상용화했다.

  하이브리드란 '잡종' 또는 '혼성'을 의미한다. 하이브리드 엔진 기술은 기존의 가솔린 엔진에 전기 모터를 함께 사용하는 기술인데, 주행시에는 엔진을 주 동력원으로 이용하고 모터를 보조 동력원으로 이용한다. 브레이크를 밟을 때 나오는 자동차의 운동에너지를 전기에너지로 전환하

1 전기자동차는 정해진 도로를 자동으로 주행한다.
2 하이브리드 엔진.
3 프리우스.
4 하이브리드 시너지 드라이브.

여 배터리를 충전시킨다. 차가 막히는 상황처럼 자동차가 비효율적으로 운행되는 경우에는 전기 모터만 동작하고 고속 주행시에는 가솔린 엔진이 동작하도록 함으로써 다양한 환경에서 연료를 효율적으로 소비할 수 있다. 또한 배기가스 배출량이 적어 환경오염에 대한 부담이 적다.

도요타의 프리우스(Prius)는 1997년 세계 최초로 개발되어 판매된 대표적인 하이브리드 자동차다. 교토의정서가 체결되어 이산화탄소 배출량이 규제를 받고 고유가 시대를 맞아 에너지를 효율적으로 사용해야 하는 상황에서 프리우스의 양산은 큰 의미가 있다. 2세대급 하이브리드 엔진이 개발된 지금, 프리우스는 '하이브리드 시너지 드라이브' 라는 슬로건에 맞게 리터당 25킬로미터의 연비를 자랑하고 있다. 곧 시판되는 3세대 프리우스 모델은 연비가 리터당 35킬로미터를 넘어설 전망이다. 연비뿐만 아니라 공기 저항을 최대한 고려한 돌고래 모양의 디자인도 굉장히 매력적으로 다가왔다.

우리나라도 2009년부터 국내에서 자체 개발한 하이브리드 LPG 엔진을 장착한 자동차가 정식으로 시판될 예정이지만, 우리나라의 미래형·친환경 자동차 기술수준은 일본이나 다른 자동차 선진국에 비해 상당히 낮은 실정이다. 낮은 기술수준은 곧 높은 가격으로 이어져 하이브리드 자동차의 내수시장 확대에 걸림돌이 된다. 또한 환경부에서도 이산화탄소 감축을 위해 하이브리드 자동차 보급을 지원하겠다고 발표했지만, 하이브리드 자동차에 대한 세제지원 혜택은 여전히 검토 중에 있다. 하지만 도요타 자동차는 독자적으로 하이브리드 자동차를 양산할 수 있는 기술력을 확보하고 있다. 만일 고유가 시대에 하이브리드 자동차 시장이 급성장하는 경우, 외국 부품 기업에 상당한 로열티 지급해야 할지도 모른다.

모든 사람들을 위한 디자인?

오래된 자동차가 즐비한 히스토리 개러지를 돌아보고, 유니버설 디자인 센터를 찾았다. 특별히 기대하지 않아서 그런가. 사람들이 붐비는 시티 쇼케이스와는 다르게 한산한 모습이다. 화려한 맛도 없고 입구부터 다양한 자동차 운전대가 전시되어 있기에 자동차 디자인에 대한 그저 그런 얘기를 하는 곳인가 싶었다. 기웃거리다 한쪽 벽에 붙어 있는 빨간 버튼을

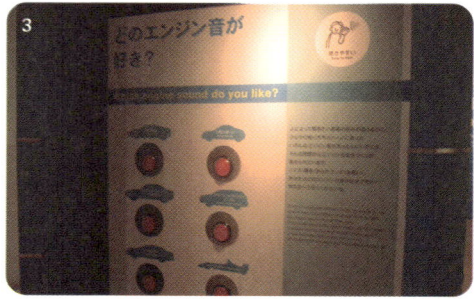

1 히스토리 개러지.
2 자동차 핸들 유니버설 디자인 센터.
3 엔진소리 버튼.

눌렀는데, 부르릉 엔진 시동 소리가 났다. 오! 다른 빨간 버튼을 눌렀더니 크르릉 하며 다른 엔진 소리가 난다. 그리고 엔진 소리와 함께 내게 던져진 질문. "어떤 엔진 소리가 듣기 좋습니까?" 뭔가 특별해 보이는 이 질문은 뭘까?

디자인 관련 내용을 둘러보고 자리를 옮겼더니, 이번엔 좀 특이한 자동차들이 전시되어 있다. 앞문을 열면 의자가 내려오고, 뒷문을 열면 문턱에서 바닥까지 이어지는 비탈길이 생기는 자동차가 있다면 믿겠는가? 웰캡(Welcab) 시리즈. 웰캡이란 장애인들을 위한 도요타의 자동차 시리즈의 이름으로 특권(Welcome)과 객실(Cabin)에서 따온 말이다. 특히 Wel은 'well'의 건강과 'welcome'의 따뜻한 환영의 뜻으로 특별한 자동차가 아닌 보다 많은 사람들에게 환영받기를 바라는 마음에서 비롯되

1 노인을 위한 4륜 전동차.
2, 3 도요타 웰캡.

었다고 한다. 처음 보는 웰캡 자동차 자체도 신기했지만, 우리나라와 다르게 장애인용 자동차가 상설 전시되어 있다는 사실에 더 큰 인상을 받았다.

　여행을 마치고 한국에 돌아왔을 때 우연히 유니버설 디자인(Universal Design)에 대한 강연을 들을 기회가 있었다. 메가웹의 유니버설 디자인 센터를 마음에 담아두고 참석했었는데, 강연을 듣고서야 유니버설 디자인의 뜻을 제대로 이해할 수 있었다. 유니버설 디자인을 쉽게 말하면 '모든 사람들을 위한 디자인', '평생을 위한 디자인'이다. 연령과 성별, 언어와 문화적 배경, 장애의 유무를 떠나 누구에게나 사용하기 편리한 제품 및 디자인을 의미하는 것이다. 양손 모두 사용 가능한 가위나 맥주 캔의 점자 표기 등이 유니버설 디자인의 대표적인 사례다.

일본의 경우 현재 고령 인구의 폭발적인 증가가 유니버설 디자인 보급의 기폭제가 되고 있다. 또한 장애인에게 장애가 되는 것을 제거한다는 '배리어 프리(barrier free)', 장애인도 사회 안에서 보통 사람처럼 생활할 수 있도록 해야 한다는 '노멀라이제이션(normalization)' 인식의 확산으로 기업들이 제품 차별화와 경쟁력 확보 수단으로 유니버설 디자인을 채택하고 있다. 실제 도요타 자동차는 '모든 사람에게 쾌적한 이동의 자유를 제공한다'는 것을 목표로 1965년부터 다른 회사들에 앞서 웰캡 자동차 개발 보급에 앞장서왔다. 고령 사회를 준비하려는 가시적인 노력이 보이지 않는 우리나라에 있어, 유니버설 디자인을 고려한 웰캡 자동차 개발이 시사하는 바가 아주 큰 것 같다.

자동차 쇼룸, 볼거리를 넘어서

메가웹을 구경하고 돌아오는 길에 이케부쿠로 숙소 근처에 있는 도요타의 다른 쇼룸인 도요타 암럭스(Toyota Amlux)를 찾았다. 암럭스는 도심에 있어서 그런지 메가웹과는 다르게 전체적으로는 차분한 느낌이었지만, 게임 시설이 있는 지하 1층이나 입체 영화관이 있는 1층을 보면 암럭스 역시 볼거리가 많은 자동차 쇼룸이었다.

암럭스에서는 도요타의 친환경적인 기술개발을 소개하는 '에코 프로젝트'가 가장 눈길을 끌었다. 먼저 1999년에서부터 2001년에 걸쳐 미국, 유럽, 사하라 사막 등을 종주한 하이브리드 자동차 프리우스를 친환경 자동차로 소개하고 있었다. 그리고 폐차에서 자원을 재활용하는 과정을 보여주고 있었는데, 폐타이어는 시멘트의 재료로 사용하고, 잘게 부순

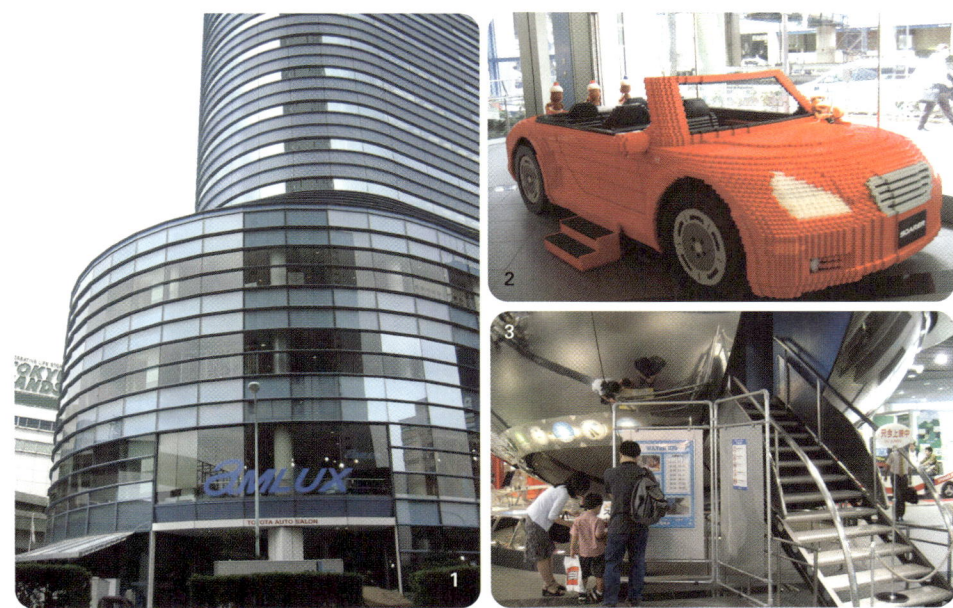

1 도요타 암럭스.
2 레고로 만든 자동차.
3 입체 영화관.

유리는 타일을 강화시키는 데 이용한다. 여기서도 친환경적인 기술개발을 소개함으로써 기업 이미지 제고에 힘쓰는 노력을 찾아볼 수 있다.

우리나라는 세계 5위의 자동차 생산국이자 기술적인 면에 있어 여느 선진국에 뒤지지 않지만, 자동차를 사지 않은 이상 자동차 전시장을 방문하기 힘든 게 사실이다. 자동차 광고를 보더라도 많이 팔기 위한 자동차의 고급스러운 이미지나 새로운 기술만을 강조할 뿐이지 모두를 위한 특별한 고민을 하고 있는 것 같진 않다. 물론 자동차를 부를 과시하는 수단으로만 여기는 사회적인 통념도 이런 분위기를 만드는 데 일조했다고

1, 2 에코프로젝트 유리.
3 모형 자동차.

생각한다.

　반면 일본 자동차 산업은 기술 우위에 안주하지 않고 사람들에게 문화적으로 다가가려는 기업의 노력이 있었다. 실제로 도요타는 단순한 볼거리를 넘어선 문화공간인 쇼룸을 통해 첨단기술을 선보이는 한편, 에코프로젝트나 유니버설 디자인을 바탕으로 한 '인간과 자연을 생각하는 기술개발'에 대한 노력을 적극적으로 홍보하고 있다. 이는 일본인들에게 기업으로서의 깊은 신뢰감을 심어주며, 잠재적인 고객을 확보하는 요소로 작용하고 있다. 끝으로 회색 빌딩 숲 사이를 달리며 푸르른 풀숲으로 변하게 하는 도요타의 프리우스 광고에서 앞으로 우리가 지향해야 할 자동차 산업 발전의 미래를 그려본다.

메가웹 http://www.megaweb.gr.jp

✚ 주소 : 도쿄도 고토구 마이이치초메(東京都江東区海1丁目 メガウェブ)
✚ 교통 : 유리카모메선 아오미 역과 팔레트 타운(Palette town)이 이어짐. 유리카모메선 오다이바 카이힌 코엔 역에서 도보 7분 거리. 린케이션 도쿄 텔레포트 역에서 도보 3분 거리.
✚ 전화 : 03-3599-0808
✚ 개관 :

도요타 시티 쇼 케이스	오전11시 ~ 오후9시
히스토리 차고	오전11시 ~ 오후9시
도요타 유니버설 디자인 쇼 케이스	오전11시 ~ 오후9시
놀이 기구 원	오전11시~오후8시(웰 택시는오후 6시까지)
E-com놀이 기구	오전11시~오후시
키즈 · 하이브리드 · 놀이 기구 원	오전11시~오후6시(※토, 일 · 축일은 오후 8시까지)

도요타 암럭스 http://www.amlux.jp

✚ 주소 : 도쿄도 도시마구 히가시케부쿠로3-3-5(東京都豊島区東池袋3-3-5)
✚ 교통 : JR 이케부쿠로 역에서 도보 7분
　　　　지하철 유라쿠초선 히가시케부쿠로 역 도보 5분
✚ 전화 : 03-5391-5900
✚ 개관 : 오전 11시 ~ 오후7시
✚ 휴관 : 매주 월요일(축일의 경우는 다음 화요일) 및 연말 연시

03

다카기 진자부로,
시민과학자로 살다

> 더욱 끔찍하고 더욱 효과적으로 인간을 죽이는 방법을 만들어내도록 도와주어야 하는 비극적인 운명을 가진 우리 과학자들은 이 무기들이 야만적인 의도로 사용되는 것을 막는 데 온 힘을 기울이는 것을 우리들의 중대하고도 남다른 의무로 여겨야 한다.
>
> – 알베르트 아인슈타인, 《뉴욕타임스》 1948년 8월 29일

어떤 직업이든 간에 생각하면 떠오르는 전형적인 이미지가 있기 마련이다. 예를 들어, 축구 선수를 생각하면 땀 흘리며 녹색 그라운드를 누비는 모습을 떠올릴 테고, 의사를 생각하면 병원에서 아픈 사람을 치료하는 모습을 상상할 것이다. 배낭여행도 마찬가지다. 처음 일본으로 배낭여행을 떠난다고 했을 때, 우리는 배낭여행이야말로 젊은이들의 진정한 로망이자 도전과 열정이라고 생각했었지, 이렇게 더운 날 일본 열도를

헤매고 다니리라고는 상상하지 못했다.

 과학자 하면 떠오르는 이미지를 생각해보자. 덥수룩한 머리에 복잡한 실험기계를 가지고 연구하는 모습을 떠올렸을지도 모르겠다. 만화영화 〈로보트 태권브이〉에 나오는 김 박사도 그랬고, 〈우주소년 아톰〉에 나온 덴마 박사도 그랬다. 텔레비전 어린이 프로그램에 나와 아이들에게 과학의 원리를 설명하는 과학자 인형들 또한 부스스한 하얀 머리에 괴짜 같은 모습을 하고 있는 것이 우리 어릴 때 보던 것과 크게 다르지 않다. 이런 과학자 모습의 대부분은 천재 물리학자 알베르트 아인슈타인의 노년의 모습에서 비롯되었다.

 미국의 시사주간지 《타임》이 선정한 20세기의 가장 영향력 있는 인물인 아인슈타인은 상대성 이론을 정립한 천재 물리학자로 알려져 있다. 천재라는 수식어를 보면 아인슈타인에게는 우리가 상상하던 모습 그대

::
《타임》지가 선정한 20세기의 인물, 아인슈타인.

로 실험실에서 열심히 연구하는 모습이 어울릴 법하다. 그러나 물리학자로서 아인슈타인의 연구 성과는 많이 알려져 있지만, 평화주의자로서의 그의 삶은 그리 널리 알려지지 않은 것 같다.

아인슈타인은 연구 외에 과학자로서의 사회적 책임을 고민하며, 현실에 강력한 목소리를 내는 행동주의자였으며, 세계 평화와 자유를 지향하는 평화주의자였다. 인종 차별을 반대하는 목소리를 높이기도 했고, 맨해튼 프로젝트를 제안해 원폭개발을 촉구했다는 자책감으로 아인슈타인은 원자력과학자비상위원회를 결성하여 반핵운동을 펼치기도 했다.

일본에도 아인슈타인과 같이 과학자로서의 사회적 책임을 고민하고, 해결을 위해 헌신한 과학자가 있었다. 바로 다카기 진자부로다. 30여 년 동안 일본의 핵 문제와 환경 문제를 개선하기 위해 적극적인 노력을 아끼지 않았고, 시민의 입장에서 활동한 과학자로서의 활동을 인정받아 1998년 '바른 생활상(The Right Livelihood Award)'을 수상했다. 우리는 생전에 다카기 박사가 젊은 시민과학자를 양성하기 위해 설립한 다카기 학교를 방문해, 시민과학자로서의 그의 삶을 돌아보고 일본의 시민과학 문화를 살펴보기로 했다.

다카기 진자부로, 새로운 과학자를 꿈꾸다

우리가 다카기 진자부로를 처음 만난 것은 그의 저서 『시민과학자로 살다』를 통해서였다. 본래 다카기 박사는 현실에 적극적으로 맞서는 사회운동가는 아니었다. 개인의 자유나 존엄성과 같은 원칙적인 문제들에 대해 민감하게 반응하긴 했지만 정치 혐오 등의 핑계로 뒤로 물러서는 학생일 뿐이었다.

다카기 박사는 도쿄대 화학과에서 핵화학을 전공했는데, 1960년대 당시 일본의 원자력 기술은 전무한 상태였다. 졸업 후 '일본원자력사업주식회사'에 취업해 원자로 건설에 참여하지만, 당시 일본 기업이 가지고 있던 전근대적인 성격과 첨단 원자력 산업의 폐쇄성에 질려 회사를 그만두고 말았다.

그 후 도쿄대 원자핵연구소 조수와 도쿄도립대학 조교수로 연구하는 동안 대학과 기업 간에 가족 공동체적인 이해관계가 형성되어 있다는 것을 알았다. 분명 대학과 기업은 목적과 구조가 다름에도 불구하고, 기업은 대학의 자립적인 의사결정을 존중하지 않았다. 또한 정부와 기업이 자신들의 이익을 관철시키기 위해 원자력에 관해 얼마나 많은 것들을 시민들에게 은폐하거나 왜곡하고 있는지 알게 되었다.

이에 다카기 박사는 '우리는 어떠한 방법으로 우리에게 필요한 과학을 우리의 과학으로 만들 수 있는가'를 고민했다. 대학이나 기업 시스템이 주도하는 이해관계를 떠나 시민 속에서 기업으로부터 독립된 한 명의 시민으로서 '자립적인 과학' 혹은 '시민의 과학'을 하겠다는 것이 그의 생각이었기에, 결국 다카기 박사는 도쿄도립대학을 나와 1975년 9월

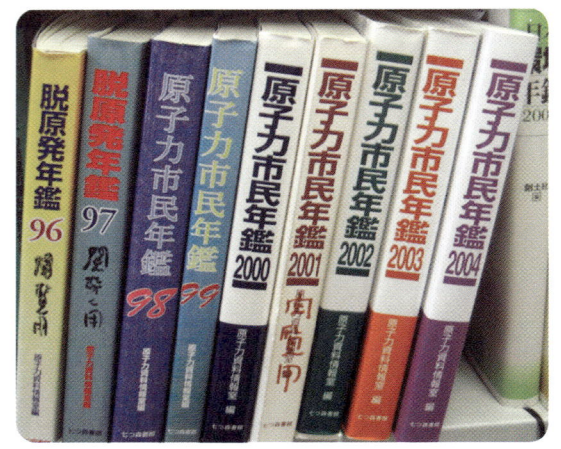

원자력자료정보실에서 매년 발행하는 원자력시민연감.

'원자력자료정보실'을 설립했다.

정보공개 및 책임행정이 일본 정부의 모토가 된 오늘날에도 정말 중요한 정보는 시민에게 공개하지 않으며, 만일 인터넷을 통해 공개한다 하더라도 전문용어가 많아 시민들이 제대로 이해할 수 없는 편이다. 이런 암호를 풀어 시민의 눈높이에서 볼 수 있게 하는 일이 다카기 박사가 설립한 원자력자료정보실의 핵심 기능인데, 개인 사무실에서 NGO 조직으로 정착되어가며 원자력 문제뿐만 아니라 전력사업이나 에너지정책 등 시민과 밀접한 다양한 분야를 폭넓게 다루고 있다. 또한 시민들이 국가정책 결정하는 데 주체가 될 수 있도록 돕기 위해 독립적인 연구조사와 평가를 진행하며, 정부활동을 모니터링하고 있다.

원자력자료정보실을 통한 다카기 박사의 활동은 일본을 넘어 세계적으로 인정받았고, "플루토늄의 위험성을 세계에 알리고, 정부에 정보공개를 강력하게 요구해 일정 수준의 이상의 성과가 있었으며, 시민의 입장에서 활동한 과학자로서의 공적이 크다"는 이유로 1998년 '바른생활상'을 수상했다. '바른 생활상'은 사회정의와 인권, 세계 평화, 환경 보호 등 지구와 인류의 안녕을 위해 힘써온 개인이나 단체에게 수여되는데 '제2의 노벨상' 혹은 '대체 노벨상'이라고 불릴 정도로 권위 있는 상이다.

다카기 박사는 '바른생활상' 수상을 계기로 자신의 생각을 널리 알리고 젊은 시민과학자를 양성하기 위해 그의 이름을 따 '다카기 학교'를 설립했다. 이에 상아탑 밖에서 시민들과 과학적 관심을 공유하며 시민의 눈높이로 시민과 함께 활동하는 시민 과학자의 필요성을 공감하는 젊은이들이 적지 않게 모였다. 그러나 다카기 박사는 2000년 10월 대장암으로 인해 시민과학자로서 열정적인 60여 년 간의 삶을 뒤로한 채 세상을 떠나고 만다. 하지만 죽음 앞에서도 학교 프로그램 운영에 최선을 다했고, 그 노력이 밑거름이 되어 다카기 학교는 10년이 지난 지금도 건강하게 운영되고 있다.

다카기 선생님, 시민과학을 배우러 왔습니다

다카기 학교는 동경 지하철 오에도선 히가시나카노 역 근처 조용한 주택가에 있다. 한국에서부터 다카기 학교를 방문하기 전까지, 학교라는 말에 줄곧 파란 잔디가 깔린 운동장이며 커다란 건물을 상상했었는데, 파란 잔디도, 건물도 없었다. 오래되어 보이는 건물에 당황한 일행들. 다카기 학교가 있는 3층으로 올라가 조심스럽게 문을 두드렸다. 문이 열리고, 다카기 학교 히사코 사키야마 씨가 반갑게 우리를 맞아주었다.

3층 사무실 안에 들어가니 다카기 학교는 원자력자료정보실 사무실 한켠에 자리하고 있었다. 칸막이로 둘러싸인 공간 입구에는 다카기 학교라는 명패가 붙어 있었다. 칸막이 너머로 원자력자료정보실 직원들이 일을 하고 있었는데, 열심히 일하는 그 모습에서 다카기 박사의 생전의 모습을 조금이나마 그려볼 수 있었다.

다카기 학교 사무실 탁자에 앉자 제일 먼저 벽에 걸린 다카기 박사의 영정이 눈에 들어왔다. 잠시 마음속으로 '다카기 박사님, 시민과학을 배우러 왔습니다'라며 인사드렸다. 잠시 후 세가와 요시야키 씨가 우리와 함께 다카기 학교와 시민과학에 대해 이야기를 나누기 시작했다. 어떻게 다카기 학교에 참여하게 되었는가라는 질문에 히사코 씨는 예전에 의사로 활동하던 중, 은퇴 후 무엇을 할까 고민하다 텔레비전에 나온 다카기 박사 이야기를 듣고 단숨에 다카기 학교로 달려왔다고 한다. 또한 세가와 씨는 일본국립과학관에서 근무하다가 보다 활동적이고 적극적인 사회운동을 찾던 중 다카기 학교를 알게 되어 함께 하고 있다고 한다.

'시민과학이란 무엇인가'라는 질문에 히사코 씨는 간단명료하게 '시민을 위한 과학'이라고 답했다. 시민을 위한 과학이자 시민이 관심을 갖는 분야가 곧 시민과학인 것이다. 환경 호르몬 문제, 원자력 발전 문제, 대체 에너지·개발 문제, 쓰레기 처리장 건설 문제 등 문제 해결을 통해 시민의 삶의 질을 향상시키는 것이 시민과학의 목적이기도 하다. 예전의 과학정책들이 정부, 기업, 대학 간의 이해관계를 바탕으로 추진되었다고 할 때, 시민과학은 시민이 주체적으로 정책결정을 주도하도록 시스템을 개선하는 역할을 한다.

다카기 학교의 프로그램은 크게 세 가지 과정으로 구분된다. 첫 번째

1 다카기 학교 사무실이 있는 고토부키 빌딩 전경.
2 원자력자료정보실 내에 위치한 다카기 학교 사무실.

A과정은 시민과학자를 양성하고자 하는 다카기 학교의 중심 활동이다. 갓 대학에 입학한 사람에서부터 전문 과학자에 이르기까지 다양한 연령대의 사람들이 참여하고 있다. 자연과학이나 공학을 전공한 사람들이 많지만 사회과학을 전공한 사람들도 함께 참여하여, 소그룹 연구회나 프로젝트를 통해 원자력 문제나 다이옥신과 같은 화학물질 문제를 공부하며 검토하고 있다.

두 번째 B과정은 과학기술 분야에서 제기되는 문제점을 시민들이 이해할 수 있도록 A과정 사람들이 여는 시민강좌를 말한다. 이때 시민들은 자신의 입장에서 다양한 질문을 할 수 있는데, 이런 상호 교류 덕분에 시민을 교육하는 시민과학자가 다시 시민으로부터 교육을 받을 수

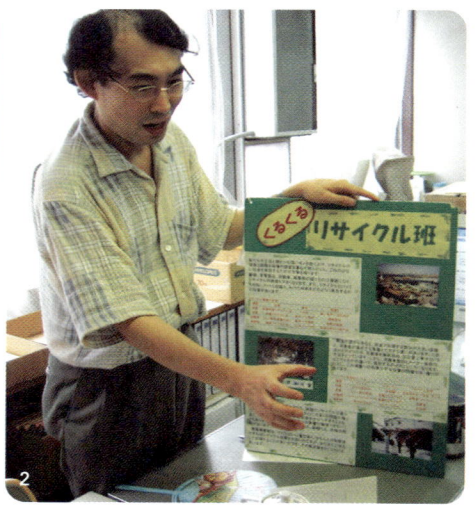

1 다카기 학교의 활동에 대해 설명하는 하시코 사키야마 씨.
2 시민과학 수업내용을 설명하는 세가와 요시야키 씨.

있는 기회가 되기도 한다. C과정은 시민에서 더 나아가 어린이와 청소년들에게 시민과학교육을 하는 것이다.

요즘 다카기 학교가 가장 중점을 두고 있는 주제는 폐플라스틱 문제, 원자력 발전 문제, 청소년 과학교육이다. 폐플라스틱의 재활용 활성화를 위해 시민을 대상으로 한 캠페인에 힘쓰고 있고, 원자력 발전 문제는 다카기 박사의 유지를 받들어 탈원자력 운동으로 진행하고 있다. 특히 청소년 과학교육 부분이 흥미로운데, 다카기 학교 선생님들은 한 달에 두 번씩 요코하마 인근에 위치한 이소고 학교에서 시민과학에 대해 가르친다고 한다.

다카기 학교의 시민과학수업은 일반과학수업과는 달리 일상과 관련 있는 주제를 흥미롭게 다룬다. 엉뚱하게 수업시간에 태양열 조리기구 '솔라 쿠커'를 이용해 밥을 짓기도 하는데, 원자력 발전 없이도 가능한 생활을 체험하게 하여 아이들에게 자연친화적인 기술을 몸으로 느끼게 한다. 히사코 씨는 아이들에게 사회와 과학을 가르치는 것도 중요하지만, 아이들에게 자연을 이해하고 사랑하는 마음을 갖게 하는 것이 최우선이라고 말했다. 자연에 대한 관심을 갖게 하는 것이 곧 시민과학자를 양성하는 첫걸음이라고 생각하기 때문이다.

아직 다카기 학교 출신의 시민과학자는 없지만 현재 일본에서는 많은 시민과학자들이 활동하고 있다. 야마노우치 가즈야 도쿄대학교 명예교수는 광우병과 같이 사람과 동물이 공통으로 감염되는 질병을 연구하는 학자였다. 농림수산성 장관과 후생노동성 장관의 자문기관인 검토위원회 활동을 하던 야마노우치 교수는 2002년 4월 일본에서 발병한 광우병에 대한 일본 정부의 부적절한 대응을 크게 지적한 보고서를 제출하고 그 동안 이루어진 논의과정 전부를 시민들에게 공개하여 시민들의 관심을 이끌어냈다. 이는 과학자를 객관성으로 무장한 안전한 피신처로만 생각하던 정부에 일침을 가한 사건이 되었다. 야마노우치 교수는 과학자가 사회 속에 있다는 것을 이때처럼 절실하게 느낀 적이 없었다고 한다. 이를 가지고 영국의 과학 잡지 《네이처》는 "일본은 과학자에게 정치적 역할을 부여했다"고 평가했다.

일본의 첫 번째 노벨 물리학상 수상자인 유카와 히데키 교토대학 교수 또한 일찍부터 핵무기 반대 운동에 참여했다는 것은 널리 알려진 사실이다. 한편 미나마타병을 계기로 일어난 공해방지 시민운동에서는 하라타 마사즈미 교수와 우이 준 오키나와 대학 교수 같은 전문 과학자가 중요한 역할을 했고, 2001년에는 난잔대학교 사회윤리연구소 소장인 고바야시 다다시 교수의 제안으로 사회와의 관계를 통해 과학과 기술의

1 태양열 조리기구로 밥을 짓는 모습.
2 태양열 조리기구 체험행사 기념사진.

역할을 고민하는 과학기술사회론 학회를 발족하기도 했다.

과학은 과연 가치중립적일까?

한 번은 한국에서 유명한 도서평론가 한 분과 함께 저녁식사를 할 자리가 있었다. 분위기가 무르익다보니 본의 아니게 과학과 사회의 독립성에 대해 열띤 토론하게 되었다. 과학자들에게 학문은 그 자체로 즐거운 일이기 때문에 가치중립적이어야 하고 정치나 경제, 종교와 같은 다른 사회적 주제와 결부시켜 연구성과에 다른 의미를 부여하여 확대 해석하거나 학문적 발전을 저해하는 일이 있어서는 안 된다고 주장했다. 마침 대학원에 막 들어와 열의에 찬 나머지 학문을 한다는 자부심으로 똘똘 뭉쳐 있던 터라 심지어 '내가 목표한 만큼 연구성과를 얻으면 그것으로 학문의 가치는 충분하다고 생각합니다. 결과물을 어떻게 이용하는가의 문제는 결국 사회의 몫이 아닐까요?'라고 덧붙였다.

하지만 내 돈 들여서 연구하는 것도 아니고, 대학원 연구실 대부분이 정부 출연 연구비를 받거나 기업 위탁 과제를 진행하는 이상 가치중립적일 수 없다는 한마디에 선뜻 반론할 수 없었다. 실제로 엄청난 세금이 과학기술 분야에 투자되고 있지만 성공 여부에 관계없이 이를 욕하는 사람은 거의 없다. 국가의 비호 속에 과학이라는 도박이 허용되는 이유는 무엇일까? 이는 사람들 모두가 과학을 믿기 때문이다. 여기서 일본 여행을 통해 바라보았던 다카기 박사의 삶과 다카기 학교의 활동이 갖는 의미를 찾을 수 있었다.

분명 과학자들에게 연구는 무엇보다도 재미있는 일이다. 하지만 연구가 지닌 사회적 의미나 정치적 영향을 고려하지 않는다면 언제고 위험한 상황에 노출될 수밖에 없다. 과학기술이 곧 국가 경쟁력이라고 누구나 인정하는 현실을 볼 때, 훌륭한 연구성과일수록 어떤 모습으로든 사회와 접점이 생기기 마련이다. 사람들이 믿는 과학의 지속적인 품질관리를 위해서 시민과학자의 역할은 더욱 커진다.

우리나라에서도 다카기 학교처럼 과학기술민주화를 위한 다양한 시도들이 이루어지고 있다. 대표적으로 합의회의와 과학상점이 있는데, 합의회의는 정치사회적으로 논란의 여지가 있는 과학기술 관련 주제에 비전문적인 일반 사람들이 관련 전문가와의 공개토론을 통해 정리된 견해를 발표함으로써 공감대를 형성하여 여론을 이끌고, 국가정책을 결정하는 데 영향을 미치고자 한다. 한편 1974년 네덜란드 위트레히트 대학에서 처음 시작된 과학상점은 지역주민이나 공익단체 등이 제기하는 과학기술적 문제를 대학교수나 학생들이 무료로 연구하여 자문해주는 단체다. 우리나라에서도 과학기술 지식이 공공성을 잃지 않고 지역 주민들의 복지를 위한 방향으로 활용되도록 하자는 취지에서 2004년 7월 젊은 과학기술자들이 '시민참여연구센터'를 설립했다.

열심히 발전해야 할 시기에 지나친 가치 논쟁으로 인한 과학의 정체를 우려하는 목소리도 있다. 과학정책의 주체를 시민으로 바꾸고자 하는 시민과학자들의 노력은 마치 이상주의자들의 목소리로 들릴지도 모르겠다. 하지만 물방울이 바위를 뚫는다는 말이 있듯이 지속되는 이상주의는 언젠가 반드시 좋은 결실을 맺는다고 다카기 박사는 말한다. 요즘처럼 무리하게 정책을 운영하다 공공성의 위기가 찾아온 때일수록 현실에 적극적으로 참여하는 과학자들의 모습이 절실하다고 생각한다.

'시민과학자는 어디까지 시민활동가이며 어디까지가 전문적인 과학자여야 하는가'를 반평생 동안 고민하던 다카기 진자부로 박사. 나도 어쩌면 다카기 박사의 고민을 이어받고 시민과학자로서의 한 사람으로 살아갈지 모르겠다. 다카기 학교 인터뷰를 마치고 돌아오는 길. 일본의 첨단과학기술 이면에 있던 소중한 가치를 발견하게 되어 내심 뿌듯했다.

다카기 진자부로가 보내는 마지막 메시지

"죽음이 가까이 왔다"고 각오했을 때 생각한 것 중 하나는, 될 수 있는 한 많은 메시지를 다양한 모양으로 여러 사람들에게 남겨야겠구나 하는 것이었습니다. 나는 그동안 적지 않은 책을 썼으며, 또 미완인 채 남겨두게 되었습니다.

먼저, 여러분 정말 오랫동안 고마웠습니다. 체제 내에서, 아주 표준적

인터뷰를 마치고 기념사진 한 장.

인 한 명의 과학자로 일생을 바쳐도 하등 이상할 게 없는 인간을 많은 분들이 따뜻한 손을 내밀어서 나를 단련시키고 다시 사람답게 해주셨습니다. (중략)

　뒤에 남은 사람들이 역사를 꿰뚫어보는 투철한 지혜와 대담하게 현실에 맞서는 활발한 추진력을 가지고 일각이라도 빨리 원자력 시대에 종지부를 찍기를 바랍니다. 나는 어딘가에서 여러분의 활동을 지켜보고 있을 것입니다.

― 다카기 진자부로 『원자력 신화로부터의 해방』에서

다카기 학교 http://www.takasas.net/

04

일본 대학 탐방으로 본 노벨상 이야기

일본 기초과학의 힘을 보여주는 노벨상

포항공대 노벨동산에 심어진 나무들은 제각각 특별한 사연을 가지고 있다. 포항공대를 방문한 노벨상 수상자들이 방문을 기념하여 심은 것이다. 그리고 그곳에는 뉴턴, 아인슈타인, 맥스웰 동상이 모여 있는데, 이들과 함께 '미래의 한국과학자'라는 명패가 붙어 있는 빈자리가 있다. 우리나라 첫 번째 노벨상 수상자를 위해 남겨둔 자리인 것이다. 물론 오랜 기다림 끝에 김대중 전 대통령이 한반도 평화를 위한 노력을 인정받아 노벨 평화상을 수상하긴 했지만, 안타깝게도 우리나라는 기초과학 분야의 노벨상 수상과는 아직 인연이 없었다.

2002년 10월 10일. 일본 열도를 뜨겁게 달아오르게 한 과학 뉴스가 있었다. 9일 고시바 마사토시 도쿄대 명예교수가 노벨 물리학상을 수상

유카와 박사가 수상한 노벨 물리학상 상장.

한데 이어, 다나카 고이치 시마즈제작소 연구주임이 노벨 화학상을 수상하는 겹경사를 맞은 것이다. 특히 화학상은 2000년 시리카와 히데키 쓰꾸바대학 명예교수, 2001년 노요리 료지 나고야대학 교수에 이어 3년 연속 수상이라는 영예를 안았다. 이로써 일본은 1949년 노벨 물리학상을 받은 유카와 히데키에 이어 물리학, 화학, 생리·의학을 포함하는 기초과학 분야에서 총 9명의 노벨상 수상자를 배출했다.

　기초과학 분야의 노벨상은 각 부문에서 혁신적인 연구성과를 낸 연구자에게 수상하고 있기 때문에, 지난 100년간 기초과학 분야 노벨상 수상자들의 업적이 곧 20세기 과학사라고 해도 과언이 아닐 정도로 노벨상이 갖는 의미는 크다. 또한 노벨상 수상은 과학기술발전을 이끄는 과학기술강국이라는 이미지와도 이어진다. 실제로 인도와 파키스탄이 노벨 물리학상 수상자를 배출하면서 과학기술 잠재력이 있는 국가라는 이미지를 심어주기도 했다. 이런 분위기 속에서 노벨동산의 빈자리는 우리에게 안타까움을 더한다.

일본의 노벨상 수상 소식은 오랜 경기침체로 '잃어버린 10년'과 같은 온갖 부정적인 말이 일본 사회를 잠식하는 상황에서도 높은 수준의 기초과학이 일본을 든든하게 받쳐주고 있다는 것을 증명하는 일이 아닐 수 없다. 일본 명문 사학 도쿄대와 노벨상 수상의 산실인 교토대를 견학하며 일본 과학계에 숨겨진 이야기를 찾아보기로 했다.

학문의 전통과 자부심이 있는 명문 사학, 도쿄대

도쿄대는 홍고 캠퍼스와 고마바 캠퍼스로 이루어져 있다. 우리는 3, 4학년 학부생과 대학원 연구실이 있는 홍고 캠퍼스를 찾았다. 도쿄 지하철 마루노우치 선 홍고산초메 역에 내려 도쿄대를 찾아가는 길.

정문을 찾다보니 멀리 도쿄대 최고의 명물 아카몬이 보였다. 아카몬

:: 아카몬.

은 '빨간문' 이라는 뜻으로 우리나라의 열녀문과 비슷한 것이다. 도쿄대 아카몬은 1827년 도쿠가와 막부 11대 쇼군 도쿠가와 이에나리가 시집가는 딸을 위해 지어주었다. 현재 일본의 중요한 문화재로 보호받고 있는데, 전국 각지에 있던 아카몬은 대부분 소실되었다고 한다. 한때 아카몬은 도쿄대의 정문으로 이용되기도 했다.

엠티를 다녀온 학생들로 북적이는 정문을 지나 도쿄대 견학에 도움을 주실 김학주 박사님을 만났다. 화학공학을 전공한 박사님께 연구실 생활에 대해 물었는데, 연구실에 처음 왔을 때 연구실에 있는 25년된 가스 크로마토그래피 장비를 보고 많이 놀랐다고 하셨다. 연구실마다 고가의 장비를 할 수 있을 정도로 활발한 연구지원이 이뤄지는 줄 알았는데 오래된 장비를 쓰고 있는 이유가 궁금했다. 이에 "세계 최고 과학기술국 일본 내 연구실의 오래된 장비와 첨단장비의 공존은 일본의 학문적 특성을 그대로 보여줍니다" 라고 김학주 박사님은 대답하셨다.

사실 일본의 많은 대학교에서는 도제식의 특이한 교육제도가 이어져

동경대학교 정문.

내려온다. 훌륭한 연구성과를 낸 교수가 연구실을 가지고 조교수, 전임강사, 대학원생, 테크니션들과 함께 한 분야만 집중적으로 연구한다. 때문에 교수의 지위는 절대적이며, 퇴임에 앞서 뒤를 이어 연구할 후임 교수도 연구실 내에서 정한다. 간단히 말해 대를 이어 연구하는 것이다.

교수, 부교수, 조교수가 서로 독립적으로 연구하려는 경향이 강한 우리나라와는 많이 다르다. 하지만 미국이나 유럽 선진국에 비해 연구에 필요한 재정적 지원이나 인적 자원이 열악한 일본에서 이런 시스템은 아주 효과적인 것 같다. 이에 대해 김학주 박사님은 "일본만이 가진 특이한 연구 시스템이 일본 과학기술의 힘이 되긴 하지만, 외국인 유학생에 대해선 매우 배타적인 분위기입니다. 원천기술을 필요로 하는 실험은 핵심기술을 가르쳐주지도 않거니와 아예 참여시키지도 않습니다"라고 말하셨다.

이런 연구환경에서는 한 번 자신의 연구 분야가 결정되면 다른 분야에는 한눈을 팔 수 없게 된다. IT, NT, BT 등 정책적으로 이슈가 되는

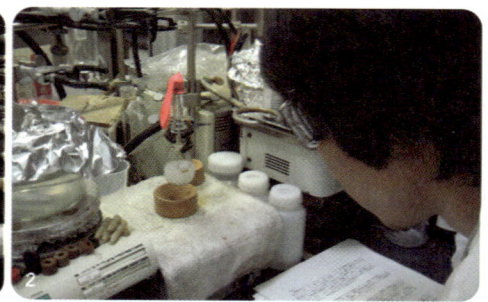

1 연구실 풍경.
2 대학원생이 화학실험을 하고 있다.

분야로 수시로 연구 주제를 바꾸는 혹은 바꿔야만 하는 우리나라와는 대조적인 모습이다. 단시간에 좋은 성과를 내기도 하지만 원천기술개발이 어려워 결국 응용기술로써의 한계를 드러내곤 한다.

일본 학생 운동사를 간직하고 있는 야스다 강당을 지나 도쿄대 학생들이 공부하는 모습을 훔쳐볼 요량으로 중앙도서관을 찾았다. 도쿄대는 중앙도서관 외에 단과대 별로 도서관이 있는데, 독서실이 아닌 법학도서관, 이학도서관처럼 단대 성격에 맞는 장서를 갖춘 도서관이다. 어디서나 전문서적을 열람하여 실질적인 도움이 되도록 학생들을 배려하고 있다.

출입구에서 방문증을 받고 들어간 중앙도서관은 우리가 불청객이라도 되는 듯 정말 조용했다. 카펫이 깔려 있는 고풍스러운 분위기에 순간 북카페 같다는 생각을 했다. 도서관에서 책을 빌리면 이미 누군가가 그어놓은 밑줄에 눈살을 찌푸리기 마련인데. 책장에 꽂혀 있는 책들 하나하나 깨끗하게 보관되어 있었다. 다음에 보는 학생들을 위해 도서관 책에는 밑줄을 긋거나 낙서하지 않는다고 한다. 책상에 엎드려 눈을 붙이는 학생을 보면서 우리도 잠시 낮잠을 자고 싶다는 생각을 했지만 옆에서 열심히 조용히 책을 읽는 노교수의 모습을 보면서 꾹 참았다.

도서관을 나와 물리학과가 있는 이학 1관을 찾았다. 강의실을 둘러보다 대학원 입학시험을 준비하는 도쿄대 물리학과 4학년 학부생들을 만날 수 있었다. 같은 학부생이다 보니 자연스레 서로의 대학에 대한 얘기를 나눴다. 도쿄대에서 학부를 졸업하려면 졸업논문과 졸업시험을 통과해야 하는데 그렇지 못하면 유급된다고 한다. 그리고 대학원 입학시험 또한 어려워서 방학 중에도 학교에 나와 시험준비를 해야 한다고 한다.

1 도쿄대학교 중앙도서관. 2 중앙도서관 내부 모습. 3 중앙도서관 열람실 서고.
4 중앙도서관 견학용 출입증. 5 책을 읽고 있는 노교수. 6 바닥에 엎드려 공부를 하는 학생.

도쿄대가 다른 대학보다 좋은 점이 무엇이냐는 질문에 "도쿄대에는 우수한 학생들이 많다는 것이다. 우수한 학생들과 경쟁할 수 있어서 좋지만 입학하고 나서 내내 힘들었다"고 우시오 마사요시 군이 웃으면서 답했다. 그리고 그의 친구 오카다 다카유키 군이 "그리고 여러 가지 공부를 해야 해서 힘든 점도 많지만, 교양학부 시절에 진지한 고민을 하고 전공 선택을 할 수 있어서 좋은 것 같다"라고 덧붙였다. 도쿄대는 교양학부를 운영하고 있어 신입생들은 고마바 캠퍼스에서 교양학부로 1, 2학년을 보낸 후에 전공 선택을 하고 있다.

혹시라도 다른 나라로 유학가고 싶은 생각은 없냐는 질문에, 우시오 군은 "도쿄대는 일본 최고의 명문 사학이고, 노벨상을 수상한 인물이 있을 만큼 물리학 분야도 세계 최고 수준이기 때문에 유학갈 생각은 없다"며 도쿄대 대학원에 진학할 뜻을 내비쳤다. 학교에 대한 존경과 자부심이 가득한 답변이었다.

일본의 노벨상 수상자들을 보면 대부분 일본에서 교육받고 일본에서 활동한 과학자였다. 중국, 인도 등 다른 아시아 국가와는 매우 다른 모습이다. 실제로 중국인 노벨상 수상자들은 대부분 미국으로 유학을 가서 박사학위를 받고 미국인으로 귀화하여 미국에서 활동했다. 일본이 노벨상을 받을 수 있었던 다른 이유는 일찍부터 국제 학술지를 간행하여 효과적으로 연구 성과를 세계에 알리고 인정받기 위한 노력에도 있다.

이학1관 옆 공원에 고시바 마사토시 명예교수가 노벨 물리학상 수상을 기념하여 심은 나무 한 그루가 있었다. 심은 지 얼마 되지 않은 어린 나무였다. 하지만 물리학과 학생들의 얘기를 듣고 나니, 후배들 마음에는 이미 깊은 뿌리를 내린 것 같았다.

1 고시바 마사토시 노벨 물리학상 수상을 알리는 안내문.
2 고시바 마사토시 명예교수가 노벨 물리학상 수상을 기념하여 심은 나무.

창조적 인력을 양성하는 자유로운 학풍의 힘, 교토대

도쿄에서 열흘을 보낸 우리는 일본의 오랜 수도였던 교토로 향했다. 교토대가 위치한 1,200년의 역사를 가진 교토시는 우리나라의 경주처럼 옛 모습을 그대로 간직하고 있다. 많은 목조 건물이 남아 있어서 도시 전체가 마치 문화재 같았다.

교토대에 도착한 우리는 유카와 연구소의 가즈키 하세베 연구원을 만났다. 교토에서는 자전거 여행을 하면 제격이라는 하세베 씨의 말에 교토대 근처 대여점에 들러 자전거를 빌리기로 했다. 자전거 하루 대여료

330엔. 한강시민공원 자전거 대여료가 시간당 3000원임을 감안할 때, 서울에서 자전거를 한 시간 빌릴 수 있는 돈으로 교토에서는 종일 이용할 수 있는 셈이다. 자전거를 많이 이용하는 일본답게 대여료가 무척 저렴했다.

자전거를 탄 우리 일행은 먼저 교토대 박물관을 찾았다. 1997년 지어진 교토대 박물관은 고생물학, 지질학, 자연 생태학 등과 관련이 있는 200만여 종이 넘는 전시물을 소장하고 있다. 모든 전시물은 1897년 교토대가 설립된 이래로 지난 100년간 교토대 연구원들이 발굴하고 연구한 결과라고 한다. 마침 많은 학생들이 박물관에 견학왔었는데, 교토대가 소장한 희귀한 표본이나 화석을 보며 교토대의 훌륭한 연구성과에 모두 큰 자부심을 느끼는 것 같았다.

일본 최고 명문인 도쿄대와 교토대는 자주 비교된다. 도쿄대는 저명한 학자나 정치가, 고급관리를 많이 배출했다고 하고, 교토대는 과학자나 철학자 그리고 사상가를 배출했다고 한다. 이런 이유에선지 학교 규

교토대학교 정문.

1 교토대 박물관 전경.
2 교토대 박물관 내부.

모 면에서는 도쿄대가 교토대를 앞서지만, 기초과학 분야 노벨상 수상자 수에서 교토대는 도쿄대를 5대 2로 앞지르고 있다. 기초과학 분야에서 9명의 노벨상 수상자를 배출한 일본에게 교토대는 가히 노벨상의 산실이라고 할 수 있겠다.

일본의 첫 번째 노벨상 수상자인 유카와 히데키 박사 또한 교토대 출신이다. 유카와 박사는 핵력에 관한 이론 및 중간자 예측을 한 공로로 1949년 노벨 물리학상 수상의 영예를 안았다. 유카와 박사의 노벨상 수상은 패전의 아픔으로 침체해 있던 일본에게 큰 희망이 되었다. 그는 실제로 "저에게 노벨상을 수여하기로 한 스웨덴 왕립 과학 아카데미의 결정은 저뿐만 아니라 제2차 세계대전 이후 평화적이며 민주적인 국가를 세우려는 일본 국민에게 큰 힘이 될 것입니다"라고 수상소감을 전하기도 했다.

노벨상 수상 후 교토에 돌아온 유카와 박사는 일본인 최초 노벨상 수상을 기념하여 1952년 교토대에 설립된 기초물리학연구소 소장으로 부임했다. 그때 박사가 사용하던 사무실이 유카와 기념관이라는 이름으로

1 유카와 히데키 박사.
2 기초물리학연구소 전경.

그를 추모하고 있다. 사무실 책장에는 박사가 쓰던 책상이며 의자가 그대로 보존되어 있었고, 책장에는 박사가 보던 책들이 그대로 꽂혀 있었다. 유카와 박사에게 영광을 안겨준 논문과 함께 그가 수상한 노벨 물리학상 상장도 볼 수 있다.

유카와 박사는 자서전에서 "내 작은 세계의 창문은 오직 과학의 정원을 향해서만 열려 있었다"고 회고했는데, 우린 그 말을 곱씹으며 책상에 앉아 문제를 고민하는 박사의 모습을 머릿속으로 잠시나마 그려봤다. 유카와 기념관을 견학하기 위해 별도의 예약은 필요 없고 기초물리학연구소 1층 사무실에 문의하면 둘러볼 수 있다.

학교 교수님의 소개로 교토대 견학을 도와주고 있는 가즈키 씨는 유카와 연구소 연구원이다. 유카와 히데키 박사의 이름을 딴 유카와 연구소는 우주, 소립자, 물성, 원자핵 등 4개 분야를 집중적으로 연구하는 기초물리학연구소이다. 유카와 연구소의 가장 큰 특징은 외부 연구자들에게 열린 공간이라는 점이다. 연구원 절반 이상이 교토대 졸업생이 아니

 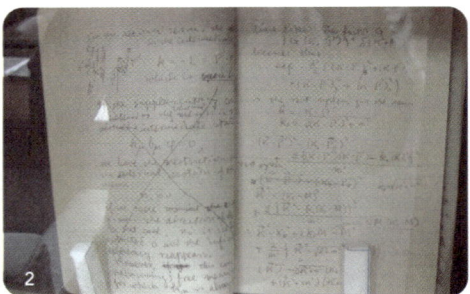

1 유카와 기념관 안의 책장.
2 유카와 박사의 강의노트.

며, 그 중 일부는 외국 대학 출신이다. 물리학자들이 수시로 모여드는 사랑방인 셈이다.

가즈키 연구원의 도움으로 우리는 유카와 연구소 내부를 견학하는 영광을 갖게 됐다. 연구에 방해될까 조심스레 연구실 안으로 들어갔는데, 그 안은 연구소라는 말이 무색할 정도로 어수선한 분위기였다. 어지러운 책상이며, 책장에 가득한 만화책. 누군가 밤을 샜는지 소파 위에 이불이 구겨진 채 놓여 있었다. 조금 당황했는지 가즈키 씨는 "연구를 전적으로 개인의 자유에 맡기는 대신 그 책임을 확실하게 묻는다"고 이야기했다.

교수 연구실 앞에서는 더 놀라운 모습도 있었다. 연구실 문에 붙어 있던 교토 퍼플 상가 프로축구 팀 포스터. 문 한 구석에 놓여 있는 마녀 인형. 교수들 역시 연구실 앞을 제 입맛에 맞춰 꾸며놓았다. 캠퍼스를 구경하는 내내 자유롭고 활기찬 분위기가 감돈다고 느꼈는데, 비단 자전거를 타고 시원하게 달린 탓만은 아니었으리라.

한편 유카와 연구소는 연구실마다 10명 정도의 연구원이 배정되어 있다고 한다. 근데 흥미로운 것은 서로 다른 분야의 연구원들을 한 연구실에 배정하는 것이다. 우리나라와 같이 천체물리학 연구실, 핵물리학 연구실 등 이름을 붙이지 않고, 공동 연구실이라는 이름을 쓰고 있는 것도 그 때문이다. 가즈키 씨는 이것을 두고 '분야 간의 활발한 교류를 위한 연구소의 배려'라고 설명했다.

한 인터뷰에서 오키케 가즈오 교토대 총장은 "노벨상의 비결이라고 한다면 자유와 여유를 강조하는 교토대의 연구 풍토와 사회에 대한 공헌을 강조하는 학풍이 아닐까 싶다"는 말을 하기도 했다. 실제로 유카와 연구소에서 학생들이 자유로운 분위기 속에서 창의성을 계발하도록 자극하는 모습을 확인할 수 있었다.

유카와 히데키 박사가 처음 노벨 물리학상을 수상했을 때, 많은 아이들이 과학자가 되겠다는 꿈을 꾸었다. 실제로 1965년 도모나가 신이치로 박사는 유카와 박사의 영향으로 양자 전자 역학 분야에서의 기초적인 연구에 대한 공로로 노벨 물리학상을 수상하기도 했다. 유카와 기념관, 유카와 연구소. 노벨상 수상이 기초과학 저변 확대에 미치는 영향을 생각할 때, 노벨 과학상 수상자가 없는 우리로서는 마냥 부러운 이야기가 아닐 수 없다.

한국인의 노벨상 수상을 기대하며

2004년 노벨 화학상 수상자인 이스라엘의 아론 치카노베르는 2006년 연세노벨포럼을 통해 "한국은 하루라도 빨리 '노벨상 수상자를 배출해야 한다'는 꿈에서 벗어나야 한다"고 충고했다. 한국 과학자들에게 노벨상에 대한 부담을 주는 한국 사회를 비판한 말이다. 이런 연구성과에 대한 사회적 부담은 종종 부정행위로 이어지기도 하며, 이는 우리나라 과학의 발전에 역행하는 일이 된다.

연성 레이저 이탈 기법을 개발한 공로로 2002년 노벨 화학상을 수상한 다나카 고이치 시마즈제작소 연구주임을 눈여겨보자. 다나카 주임은 학사 출신일뿐더러 화학을 전공하지도 않은 회사원에 불과했기에 한순간에 세계적인 스타가 되었다. 하지만 그는 노벨상 수상 후 6개월 만에 엔지니어로서 회사로 돌아가겠다고 선언했다. 연일 이어지는 인터뷰와 강연으로 자신이 정말 좋아하는 연구활동을 계속할 수 없었기 때문이다. 이는 노벨상이 결코 목적이 아니라는 것을 말하고 있다.

뻔한 얘기로 들리겠지만 우리의 대학도 교토대처럼 학생들이 진리에 대한 순수한 호기심을 발전시키고 기존의 사상이나 가치에 과감하게 도전할 수 있게 하는 능력을 키울 수 있도록 변해야 한다. 기초과학은 시장에서 인기가 없기 때문에 그 기반을 닦기 위해선 특히 정부의 적극적

:: 다나카 고이치가 수상한 노벨 화학상 상장.

인 관심과 지원이 필요하다. 우리나라는 현재 'BK21 사업'을 통해 기초 학문 분야를 집중 육성하고 있다. 하지만 그 규모와 성과가 미약해 여전히 과학 분야에서 국내 대학 어느 하나도 세계적인 대학으로 인정받지 못하고 있는 것이 우리의 유감스러운 현실이다.

반면에 일본은 장기 불황으로 인해 투자 규모가 다소 위축되긴 했지만, 여전히 세계 최고 수준을 유지하고 있다. 2001년 일본 정부는 '제2기 과학기술 5개년 기본 계획'을 발표하며 24조엔의 정부예산을 과학기술 분야에 집중 투자한다고 선언했다. 이 계획에는 '향후 50년간 기초과학 분야 노벨상 수상자 30명 배출'이라는 멋진 목표도 포함되어 있다.

정부의 전폭적인 지원을 받는다고 해도 무엇보다 가장 중요한 건 진리를 향한 과학자의 신념이 아닐까. 과학자는 학문에 대한 열정을 가지고, 외압이나 정치사회적인 이슈에 흔들리지 않으려고 노력해야 한다. 만약에 좋은 연구성과를 얻기 위해 노력하지 않고 연구비 수주에만 혈안이 된다면 노벨상은 둘째치더라도 과학기술계 전체가 국민으로부터 외면당하게 됨을 명심해야 한다.

도쿄대 http://www.u-tokyo.ac.jp/
교토대 http://www.kyoto-u.ac.jp/
라이켄 연구소(RIKEN) http://www.riken.jp/

05
신칸센을 타고
일본을 가로지르다

철도의 나라, 일본

일본을 여행하면서 가장 많이 이용한 교통수단을 묻는다면 주저하지 않고 철도라고 말하겠다. 나리타 공항에 도착해 도쿄 시내로 들어갈 때 공항 리무진 버스를 이용한 것과 교토 시내를 여행하기 위해 500엔짜리 1일 버스 승차권을 구입한 것을 제외하고는 모두 전철과 지하철을 이용했기 때문이다. 도쿄 여행을 마치고 교토로 갈 때는 세계 최고의 고속철도인 신칸센을 타기로 했다.

도쿄의 전철과 지하철만 보더라도 규모와 서비스 수준에서 세계 최고라 해도 과언이 아니다. 중앙버스전용차선이나 대중교통 환승 시스템의 도입으로 서울이라면 버스를 이용하는 게 시간상으로나 여러모로 편리할 때도 많지만, 도쿄에서는 버스를 타지 않더라도 불편할 일이 없다. JR와

서울의 지하철 2호선 격인 도쿄의 JR 야마노테센.

사철(私鐵)이 도쿄 시내 구석구석으로 거미줄처럼 뻗어 있기 때문이다.

일본을 철도의 나라라고 하는 데는 그만한 이유가 있다. 1998년 세계 철도통계연감에 따르면 도쿄에서 여객의 50퍼센트 이상이 철도를 이용하고 있으며 버스 분담률은 6퍼센트에 지나지 않는다고 한다. 일본 전체를 보더라도 여객 수송에서 철도가 차지하는 비율은 26.2퍼센트이며, 특히 300~500킬로미터 구간의 장거리 여객 수송에서 철도 분담률도 50퍼센트 수준에 이르고 있다.

아무리 철도의 나라라고는 하지만 일본의 모든 물가가 그렇듯 철도 요금도 만만치 않다. 도쿄만 하더라도 JR이 운영하는 전철 야마노테센, 주오센 등의 기본요금은 한두 정거장에 130엔. 그 이상을 가면 우리나라 지하철과 같이 할증요금을 내는데, 15분 정도 거리면 200엔, 40분 정도 거리면 350엔을 낸다. 민간 지하철 기본요금도 회사에 따라 160엔

~170엔에 이른다.

우리 같은 배낭 여행객들에게는 교통비가 전체 여행비에서 차지하는 비율이 높기 때문에 철도를 이용하는 부담은 더 크게 느껴진다. JR은 이런 관광객들을 위해 유럽의 유레일패스와 같은 JR 패스를 판매하고 있다. JR 패스를 구입하면 일정 기간 동안 JR 소속 열차, 버스, 배를 마음대로 이용할 수 있다. 일본의 서쪽 끝에서 동쪽 끝을 잇는 신칸센 편도 요금은 5만 3,000엔이지만, 3만 7,800엔 하는 JR 패스 7일권을 구입하면 모든 게 해결된다. 저렴한 가격으로 일본 열도를 샅샅이 여행할 수 있는 셈이다.

일본의 고속철도 신칸센을 타보자

도쿄에서 열흘 간 머물렀던 우리는 일본 천년의 고도인 교토로 향했다. 도쿄에서 교토로 이동하는 방법에는 여러 가지가 있다. 먼저 JR 야간버스나 JR 야간열차를 이용하는 방법이 있는데, 9시간에 달하는 탑승시간이 부담스럽긴 하지만 8,000엔 내외로 숙박을 해결하며 밤새 창밖 야경을 구경하는 낭만을 즐길 수 있다. 오랫동안 버스나 열차를 타는 게 걱정이라면 일본 국내선 항공기를 이용하는 것도 좋은 방법이다. 하네다 공항에서 이륙 후 1시간 정도 비행하면 편하게 간사이 공항에 도착할 수 있다.

비행기보다 빠르게 우리를 교토로 데려다줄 교통수단이 있다. 바로 일본의 고속철도 신칸센이다. 도쿄-교토 구간 신칸센 탑승 시간은 2시간 40분이지만, 비행기를 이용하는 경우 도쿄 도심에서 하네다 공항까

1 전철표를 사는 사람들.
2 전철 개찰구 모습. 우리나라와 크게 다르지 않은 모습이다.

지 이동해야 하고 다시 간사이 공항에서 교토까지 이동해야 하기 때문에 실제 걸리는 시간은 3시간을 훌쩍 넘는다. 게다가 도쿄-교토 구간 신칸센 운임이 13,420엔으로 항공 운임 2만 엔보다 훨씬 저렴하다.

상황이 이렇다보니 교토에 인접한 오사카-도쿄 구간은 신칸센과 여객기 경쟁이 치열하다. 일본국토교통성의 자료에 따르면 도쿄-오사카 구간의 항공기 분담률은 신칸센 개통 이전에 15퍼센트 정도였지만, 개통 후 2년 후에는 10퍼센트, 4년 후에는 8퍼센트 수준으로 점차 감소했다고 한다.

먼저 우리는 신칸센을 타기 위해 도쿄역을 찾았다. 여느 철도 역사가 그렇듯 도쿄역도 기차를 타려는 사람들로 인산인해를 이루었다. 출장을 다녀왔는지 말끔하게 양복을 차려입은 아저씨며, 도쿄 디즈니랜드에 놀러갔다 지쳤는지 엎드려 자는 아이들. 아무리 신칸센이라지만 언제 이 많은 사람들을 집으로 데려다줄지. 조금 일찍 역에 도착한터라 기다림

1 신칸센 및 JR 매표소.
2 신칸센 승차권.
3 도쿄역 대합실에서 열차를 기다리는 사람들.
4 신칸센 출발 시간 알림판. 배차 간격이 3분에서 10분 내외다.

에 조금씩 지쳐갔다.

    역사를 가득 메운 사람들이 주는 답답함도 잠시, 신칸센의 출발 시간을 알리는 전광판을 보고 눈이 휘둥그레졌다. 배차 간격이 작게는 3분, 길게는 10여 분에 지나지 않았던 것이다. 차량 점검이나 다른 문제로 가끔은 지연되서 출발할 법도 한데 배차간격이 3분이라니. 짧아도 너무 짧다. 개찰구를 통과해 승강장에 들어갔더니 열차를 기다리는 자리에서 몇 분 간격으로 아니 몇십 초 간격으로 오가는 열차를 볼 수 있었다.

승강장에 늘어선 신칸센 열차는 종류가 여러 가지였다. 하얀색에 유선형으로 길게 잘 빠져 마치 돌고래 머리를 닮은 것도 있고, 조종실이 있는 곳에서부터 기다란 몸까지 파란색으로 포인트를 준 것도 있으며, 조종실 끝에 살짝 각이 잡힌 것이 제법 세련된 모습에 전조등에서 반짝반짝 빛을 내뿜고 있었다. 돌고래 모양 열차를 700계, 파란색으로 포인트를 준 것은 500계, 빛을 내뿜던 것은 300계라고 부른다고 한다. 열차 모양에 따라 구분지어놓은 이름 같기도 하지만, 숫자가 클수록 최근에 개발된 고속열차를 뜻한다.

신칸센 열차는 오랜 시간에 걸쳐 일본 고속철도 발전의 과정을 보여왔다. 고속철도의 발전과정에 대해 얘기하기에 앞서 고속철도가 무엇인지 이해할 필요가 있다. 일본은 1970년 전국신칸센철도정비업 제2조에서 시속 200킬로미터 이상의 속도로 운행하는 철도를 고속철도라고 정의하고 있다. 1964년 세계 최초로 일본의 고속철도 신칸센이 개통된 이후 1981년 프랑스의 데제베(TGV), 1991년 독일의 이체(ICE), 2004년 한국의 KTX 등이 개통되어 운행되고 있다.

신칸센(新幹線)은 '새롭게 중심축을 이루는 노선'이라는 뜻으로 총알같이 빠르다고 하여 탄환열차라고도 불린다. 수송 시간을 단축하여 경제적 이득을 취할 목적으로 개발된 신칸센은 1964년 10월 1일 도카이도 노선에서 처음 개통되었다. 이때 투입된 것이 0계 열차다. 도카이도 신칸센은 일본 전체인구의 거의 절반이 거주하는 도쿄~신오사카간 515.4킬로미터를 연결하는 노선이다. 최대 속도가 시속 220킬로미터 신칸센의 운행은 일반 열차에 비해 운임이 매우 비싼데도 고객을 끌어 모아 큰 성공을 거두었다. 하지만 신칸센은 소음 문제로 시속 210킬로미터로 운

1 300계 신칸센 열차.
2 500계 신칸센 열차.
3 700계 신칸센 열차.

행을 제한받았다.

 그러나 1985년 100계 열차가 개발 배치되면서 1986년 최대 허용 속도가 시속 220킬로미터로 상향 조정되었다. 또한 1992년 300계 열차의 개발로 허용 속도는 시속 270킬로미터에 이르렀고, 1997년 500계 열차가 개발 배치되면서 일본의 신칸센은 비로소 시속 300킬로미터 시대를 맞게 되었다. 현재 800계 열차까지 개발되어 있다. 우리가 타는 신칸센 열차는 500계 히카리 등급이다.

 여기서 '히카리'는 신칸센 열차 등급을 말하는데, 신칸센은 '노조미(희망)', '히카리(빛)', '고다마(메아리)'와 등급으로 구분된다. 우리나라의 새마을호, 무궁화호, 통일호 구분과 비슷하다고 할 수 있는데, ○○

계로 구분되는 같은 열차라도 구간이나 속도에 따라 다른 등급이 매겨진다. 노조미와 히카리는 주요 역에서만 서는 급행이고, 고다마는 역마다 서는 완행이다. 일반 일본 철도 등급 구분에 따르면 노조미는 '특급', 히카리는 '쾌속', 코다마는 '일반'에 해당한다.

탑승시간이 다가와 탑승구에서 열차를 기다리는데 사람들이 바글바글한 가게가 눈에 들어온다. 도시락 가게다. 역에서 판매하는 도시락은 일본인들에게 기차여행이라고 하면 빼놓을 수 없는 즐거움이라고 한다. 기차가 먼저냐. 도시락이 먼저냐. 역에서 파는 도시락 기행을 떠나는 텔레비전 프로그램도 있을 정도라고 하니 일본 사람들의 도시락 사랑은 정말 대단하다고 밖에 말할 수 없다. 도시락은 그 가격이 800엔에서부터 2,000엔에 이를 정도로 다양하게 구성되어 있어, 우리도 한 번 그 맛을 느껴보고자 가게에 들러 한 개씩 구입했다.

도시락을 들고 설레는 맘으로 신칸센 열차 안에 올랐다. 비행기를 처음 탔을 때 기분이 그랬을까. 설레면서도 초조한 느낌이 가시질 않는다.

도시락 가게.

1 전철에서 만화책을 읽은 학생
2 전철 안에서 책 읽는 학생

신칸센을 타면서 긴장하는 건 우리뿐인지 주위 사람들은 열차가 움직이는데도 아랑곳하지 않고 자기가 할 일을 하느라 바빠 보였다. 열차가 서서히 출발하고 차창 밖으로 보이던 풍경들이 한 줄기 빛으로 사라지더니 어느새 시속 250킬로미터를 넘어가고 있었다. 하지만 기차를 탈 때면 흔히 느끼는 덜컹거리는 기분을 느낄 수 없었다. 다만 열차가 빠른 속도로 질주하자 가끔 귀가 멍해지곤 했는데, 그제야 비로소 고속철도라는 것을 실감하게 되었다.

신칸센이 빠른 속도로 달리자 신칸센은 얼마나 안전한가에 대한 의문이 들었다. 항공 교통이나 철도 교통은 도로 교통에 비해 굉장히 안전하다고 알려져 있지만 한 번 사고가 발생하면 사고로 이어지기에 그간의 신칸센 사고 이력이 궁금했다. 기우였을까. 신칸센은 1964년 처음 개통한 이래 열차의 기계적인 결함으로 단 한 번의 인명사고도 낸 적이 없다고 한다. 2004년 10월 니가타 지진으로 신칸센이 탈선하는 아찔한 사고가 나기도 했지만 인명 피해가 없어 40여 년 간 지켜온 무사상자의 신화를 이어갈 수 있었다.

지하철이 버스보다 좋은 이유

학교에 있을 때 강남역 근처에 약속이 생기면 항상 고민하게 된다. 뭘 타야 빨리 갈 수 있을까? 버스를 탈까? 지하철을 탈까? 운이 좋아 차가 막히지 않는다면 학교 앞에서 버스를 타고 30여 분이면 강남역에 도착할 수 있다. 반면에 지하철을 타려면 지하철역까지 한참을 걸어야 하고, 지하철을 타고서도 정확하게 40분이 지나서야 강남역에 도착한다.

그러나 고민도 잠시. 시간이 오래 걸리는 지하철을 타기로 결정한다. 보통 약속 시간이 퇴근 시간과 맞물리기 때문이다. 버스 전용 차선이 있긴 하지만 퇴근 시간에 맞춰 쏟아져 나오는 차들을 당해낼 재간이 없다. 버스를 탔다가 밀리는 차들로 호되게 혼난 적이 있어, 가는 데 시간이 오래 걸리더라도 그냥 지하철을 이용한다.

이처럼 철도 서비스의 생명은 안전하고 정확한 운행에 있다. 정시 운행은 철도를 이용하는 승객에게 신뢰감을 주고 계속해서 철도를 이용하게 하는 큰 매력이 된다. 따라서 열차가 정해진 시간에 따라 정확하고 안전하게 운행된다면 일단 철도가 가지고 있는 가장 중요한 덕목을 실천하는 것이라고 할 수 있다.

그렇다면 신칸센의 경우는 어떨까? 우리가 500계 히카리를 타고 도쿄를 출발해 교토에 도착하기까지 2시간 37분. 예정 시간과 단 1분의 오차도 없었다. 일본 국토교통성 자료에 따르면 신칸센 열차 평균 지연 시간은 1975년 4.5분, 1977년 6.3분, 1980년 2.6분, 그리고 1984년 이후에는 열차당 평균 지연 시간이 1분 이내로 감소했다. 2001년 열차 평균 지연 시간은 24초에 불과하며, 2004년 현재 정시 운행률은 95퍼센트 수준이다.

신칸센 개통 초기의 연착 사고는 운전 사고나 여러 가지 장애에 따른 것이다. 초기 안정화를 위해 개통 이후 1년 간 운행 목표 시간인 3시간 10분을 4시간으로 바꿔 운행했었음에도 운행이 지연되는 사건이 있었다. 1964년 214건을 비롯해 10년 간 평균 100건 정도의 사고가 발생했는데, 이 중 2시간 이상 열차가 지연된 사고는 1964년 3건, 1968년 6건, 1972년 11건 등이 발생했었다. 주요 지연 요인으로 차량 고장, 송전 사고, 차량 파손, 재해 등이 있다.

일본 철도는 정시 운행을 위해 지키는 두 가지 철학이 있다고 한다. 하나는 늦지 않는 철도를 만든다는 것이다. 이를 위해 열차 운행을 지연시키는 요인을 미리 예측하여 정시 운행을 확보하려고 노력한다. 차량, 선로, 교량 등을 안전하게 설계하고 철저한 정비를 통해 고장을 줄인다. 탑승객들이 승강장에서 순서대로 탑승하도록 유도함으로써 탑승 시간을 줄여가고 있다. 이러한 노력은 정시 운행과 안전 운행이라는 두 마리 토끼를 잡게 했다.

두 번째는 늦더라도 회복 가능한 철도를 만드는 것이다. 안전 운행에 아무리 만전을 기해도 태풍이나 지진, 대설 같은 자연 재해를 100퍼센트 예측하기 어렵다. 가끔 승객이 돌발적으로 선로에 투신을 하고 건널목에서 사고가 일어나기도 하는데, 이런 경우 열차가 오랫동안 지연되지 않게 하고 승객이 납득하도록 상황 처리를 한다. 지연이 되면 지연 정보를 신속하게 알리고 다른 열차로 환승을 유도한다거나, 운임 환불,

버스와 같은 대체 교통 수단을 마련함으로써 승객들이 다음에도 계속 철도를 이용하게 되는 것이다.

일본은 이런 철학을 지키기 위해 오래 전부터 많은 노력을 기울여왔다. 정시 운행을 위해 1920년부터 열차 운행 시간표를 만들었고, 기관사 기술 향상 교육과 차량 통제 전화 증설을 했다. 시간이 지날수록 정시 운행이 철도 사업에 있어 가장 중요한 서비스라는 인식이 확산되었고, 기관사에게도 승객들의 1분 1초를 소중하게 여기며 풍토가 정착되기 시작했다. 기관사가 모든 선로 조건을 암기하는 것은 기본이었고, 이미지 트레이닝을 통해 머릿속으로 계속해서 열차 운전을 했다. 정시 운행은 결국 철도 시스템이 지켜야 하는 상식이자 철칙이 되었다. 이 정도 되면 신칸센 배차 간격이 3분이더라도 주행하는 데 아무런 문제가 없을 것 같다.

이런 분위기 속에 정시 운행은 일본 철도 시스템 발전의 가장 기본적인 밑거름이 되었고, 정교하고 안전한 철도 운영 시스템으로 승객의 만족도를 높인 JR동일본 회사는 1992년 테제베를 운영하는 프랑스 국철을 제치고 세계 제일의 운송회사로 인정받았다.

더 빠르고 안전한 고속철도는 없을까?

가장 일반적인 철도는 강철 바퀴로 강철 선로를 달리는 철도지만 고무 바퀴로 콘크리트 선로를 달리는 철도도 있다. 재질이 무엇이건 간에 고속철도를 포함한 지금까지의 철도는 선로와 바퀴 사이의 마찰력으로 움직이는 접촉 구동 방식이기 때문에 필연적으로 물리상의 제약이 있다. 모든 바퀴가 동력을 내는 데 이용된다 하더라도 최대 견인력과 열차의 주행 저항이 균형을 이루면 이 이상의 가속이 불가능하기 때문이다. 최대 견인력보다 더 큰 출력을 낸다 하더라도 최대 견인력보다 큰 힘은 속도에 영향을 주지 못하고 쓸데없이 공전하기 때문이다. 현재 시속 400킬로미터 정도가 접촉 구동 방식의 속도 한계로 알려져 있다.

이 때문에 철도의 속도를 더 높이기 위해 비접촉 구동 방식을 이용한 철도 개발 필요성이 부각되기 시작했다. 차량과 선로 위를 비접촉 주행을 하기 위해선 차량을 선로 위로 띄워야 하는데 이를 부상시킨다고 한다. 공기를 이용하거나 자석이 같은 극에서는 반발하고 다른 극에서는 끌어당기는 자기의 원리를 이용해서 부상시키려는 노력이 오래 전부터 있었는데, 연구 결과 자기력을 이용한 자기 부상방식이 가장 실용적이라는 결론에 도달했다. 자기 부상을 위해 영구자석, 전자석, 초전도 자석을 이용할 수 있는데 초전도 자석을 이용한 초전도 자기 부상 열차와 전자석을 이용한 상전도 자기 부상 열차가 대표적이다.

초전도 자석을 이용한 초전도 자기 부상 열차는 1964년 도카이도 신칸센이 개통된 이후 일본 국철이 개발하기 시작했다. 1979년 7킬로미터 길이의 단선 고가인 야마자키 시험 선로에서 무인 열차 실험으로 시속 517킬로미터를 달성하였고, 1987년 유인 열차 실험으로 시속 400킬로미터를 달성했다. 1997년 야마나시 시험 선로가 완성되어 주행 실험을 시작했는데, 1999년 4월 14일 유인 열차 실험으로 시속 552킬로미터를 기록하기도 했다.

한편 전자석을 이용한 상전도 자기 부상 열차로는 1974년 일본 항공(JAL)이 개발하기 시작한 HSST가 있다. 1989년 요코하마 EXPO에서 최고 시속 200킬로미터로 운행하는 자기 부상 열차를 선보였는데, 이 시기에 일본은 HSST를 도시형으로 개발할 것을 결정하고 보다 실용적인 실험을 하기 시작했다. 1991년 5월 1.5킬로미터의 아이치현 시험 선로에서 최고 시속 100킬로미터를 기록했고, 1993년 일본국가위원회는 자기 부상 열차가 대중 교통 시스템으로 사용 가능하다고 선언했다.

우리나라 자기 부상 열차 연구는 1989년 과학기술부의 국책연구개발 사업을 통해 추진되었다. 1993년 대전 과학 엑스포에서 국내 최초로 제작된 상전도식 자기 부상 열차가 운행되기도 했는데, 1997년 세계에서 독일과 일본에 이어 세 번째로 도시형 자기 부상 열차 UTM-01을 개발했다. 현재 2018년 시험 운행을 목표로 하여 한국기계연구원 주도로 초고속 자기 부상 열차 개발을 진행하고 있다.

자기 부상방식의 철도는 이미 기술적으로 실용화 단계에 들어와 있다. 50킬로미터의 시험 선로를 건설하는 데 들었던 수천억 엔대의 건설비도 기존 고속철도 건설비 수준으로 낮아졌다. 일본은 원래 2001년까지 자기 부상 열차를 신칸센을 대체하는 철도로 상용화한다는 계획을 가지고 있었으나 여러 가지 이유를 들어 10여 년 후로 미뤘다.

기술적으로도 검증되고 낮아진 건설비로 경제성도 뒤지지 않게 됐는데 왜 초고속 열차로 자기 부상 열차를 선택하지 못할까? 그것은 자기 부상 열차가 가지는 장점이 아무리 많다고 해도 이미 거미줄처럼 얽혀버린 일본의 기존 철도와의 호환성이 없으면 채산성을 확보하기 어렵기 때문이다.

우리나라도 고속철도 건설 초기에 바퀴를 이용한 접촉 구동 방식이냐 자기 부상을 이용한 비접촉 구동 방식이냐를 놓고 열띤 토론을 했었지만 결국 접촉 구동 방식으로 갈 수밖에 없었다. 세계 최초 초고속 자기 부상철도 채택이라는 위험에 대한 부담도 있었겠지만 기존 철도와의 호환성을 고려했을 때 접촉 구동 방식이 더 적합했기 때문이다. 실제로 서울과 부산을 잇는 KTX 구간에서 대구와 부산 구간의 경우 고속철로가 아닌 일반철로를 이용하는 걸 보면 제대로 된 선택이라는 생각이 든다.

우리나라는 2004년 KTX를 개통하면서 아시아 두 번째 고속철도 운영국으로 세계의 이목을 끌고 있다. 우리나라 고속철도 개통은 일본과는 다르게 사양 산업이었던 철도 산업을 일으켜 세우는 역할을 하며 차세대 교통수단으로써의 입지를 키워나가고 있다.

물론 시간이 지나면 기술적으로 자연히 해결되는 문제라고 생각할 수도 있다. 하지만 승객들의 1분 1초를 소중하게 생각하는 일본 철도 산업의 철학이 신칸센 여행을 통해 우리가 얻은 가장 의미 있는 교훈은 아니었을까. 신칸센도 처음 도입되었을 때 잘잘한 사고로 연착 사고가 많았고, 열차 소음 문제로 인해 최고 운행 속도를 제한받기도 했다. 하지만 그럴 때일수록 일본은 승객들을 배려하는 입장에서 문제 해결을 위한 노력을 아끼지 않았다. 그것이야말로 일본을 '철도의 나라'로 일궈낸 속 깊은 원동력이라고 생각한다.

3부

일본 문화 속에 숨겨진 흥미진진한 과학 상식

01

일본 건축,
살아 있는 역사와의 만남

소박한 사치의 절정, 오사카성

여행 일주일째. 오다이바의 후지TV 본사, 신주쿠의 파크타워, 요코하마의 랜드마크타워 등 선진 일본의 세련된 건축물을 볼 수 있었던 동경을 떠나 오사카로 향했다. 신칸센을 타고 2시간 50분을 달린 오사카로의 여정은 마치 일본의 과거를 만나러 가는 시간여행 같았다. 변화했던 동경에서는 찾아볼 수 없었던 낮은 산들과 작은 건물들은 과거로 떠나는 블랙홀 속 풍경처럼 느껴졌다. 신칸센 안에서 뒤적여본 오사카 여행 팸플릿들의 앞면은 약속이라도 한 듯 모두 오사카성이 차지하고 있었다. 우리나라의 고궁과는 사뭇 다른 색채와 건축양식을 지닌 오사카성이 과거 여행의 첫 번째 목적지로 낙점된 것은 당연했다.

맑은 여름 날씨의 일요일 오전. 과거 권력가의 위풍당당한 고성을 찾

기요미즈테라 본당은 여름의 열기를 잊은 채 사람들로 북적이고 있다.

아가는 기분은 한마디로 설레임이었다. 서울에서 한적하고 운치 있는 데이트 장소를 찾아 모든 고궁을 두루 탐사해보았기에 이웃나라 일본의 대표 고성으로 향하는 발걸음에서도 연인을 만나러 가는 길인양 작은 흥분이 일어났다.

　서울에 있는 고궁에 들어가 그늘진 자리에서 쉬다보면 담 밖으로 불쑥 솟아 있는 고층건물들이 보인다. 서울의 가장자리에 와 있건만 그곳에서 보는 현대식 건물들은 지독하게 낯설다. 그래서 우리 고궁의 담은 공간뿐 아니라 시간까지도 확실하게 금을 그어주는 요술 담 같다는 생각을 자주 했었다. 담 밖은 21세기 서울의 도심, 담 안은 19세기에 내가 전생에 궁녀를 거느리고 살았던 것 같은 집! 그렇게 돌담을 경계로 시간마저도 다르게 흐르는 곳이 종로에 있는 경복궁, 정동에 위치한 덕수궁, 혜화동의 창경궁이다. 그런데 오사카성은 우리네 고궁들이 도심 한복판에 산을

1 다니미치센 역에서 내려 오사카성으로 향하는 길목에 서 있는 세 여인들……. 무엇을 기원하고 있는 걸까?
2 오사카성 주변을 둘러싸는 호수가 현재의 빌딩 숲과 400년 전의 괴리감을 보여주는 듯하다.
3 무지개 다리 너머로 보이는 오사카성은 멀리서 보아도 그 위풍당당함과 성벽의 견고함이 대단했다.
4 가까이서 본 오사카성의 덴슈카쿠는 도요토미 히데요시의 권력에 비하면 소박하고 아담한 정도였다.
5 오사카성 덴슈카쿠 재건은 하나의 건축과학이었다고 볼 수 있다.

등진 채 풍수지리에서 말하는 명당자리를 차지하고 있는 것과는 다르게 도심에서 떨어진 한적한 곳에 자리하고 있었다.

공원 입구에서 한참을 걸어가다보면 저만치 에머랄드 빛 지붕의 오사카성이 손에 잡힐 듯 눈에 들어오지만 오사카성까지는 한참을 더 걸어야 했다. 돌 벽으로 세워진 요새로 이어지는 인공 연못의 다리를 건너면 흰 몸체에 번쩍이는 금장식을 단 오사카성 덴슈카쿠 앞에 다다르게 된다. 한참을 걸어 그 앞에 서서 보니 오사카성은 왕궁이라 하기엔 규모가 너무 작았다.

오사카성 내부는 역사박물관으로 꾸며져 있었다. 주말이라 북적이는 사람들 틈에 간신히 끼어 둘러본 전시물들은 성의 첫 번째 주인이었던 도요토미 히데요시(1536~1598) 개인의 업적을 기리는 내용물이 대부분이었다. 일본 입장에서 보면 중세 일본 3대 세력가 중 한 사람이자 영웅이 겠지만 내 눈엔 임진왜란 때 우리나라 땅을 쑥대밭으로 만들었던 침략의 우두머리이기에 오사카성 안에서의 기분은 계속 씁쓸하기만 했다. 오사카성은 도요토미 히데요시의 명령으로 1년 반 동안 인부 6만 명이 투입되어 지어진 것이라고 한다. 번쩍이는 문화유산 뒤엔 힘없는 민중의 고달픔이 녹아 있는 법이다.

1583년에 짓기 시작한 오사카성은 목조 건축물이었다. 물과 불에 약한 것이 나무이기에 지난 반세기 동안 오사카성은 여러 차례 수난을 겪기도 했단다. 도요토미 히데요시가 죽자 도쿠가와 이에야스(1543~1616)가 분열된 전국을 통일하는데 그 와중에 오사카성은 새로운 통치자의 군대에 짓밟혀 파괴되었다. 그 후 도쿠가와 쇼쿠나테에 의해 이전 규모의 두 배로 재건되지만 애써 쌓아올린 공든 탑은 무슨 죄를 그리도 많이 지었는지

1660년과 1665년 두 차례의 벼락으로 불타고 말았다. 오사카성의 수난은 여기서 그치지 않고 1783년 또 한 차례의 벼락으로 주저앉았다. 그러나 1920년대 국민들의 적극적인 모금운동의 결과로 지금의 모습을 갖게 된다. 강력한 방수처리 등 20세기 기술력으로 새롭게 탄생한 55미터 높이의 오사카성 덴슈카쿠는 1931년 그렇게 새로운 생일을 맞았다.

오사카성의 규모는 우리나라를 비롯한 다른 나라의 궁에 비해 매우 아담한 편인데 이는 아마도 일본 사람들의 소박한 민족성 때문이 아닌가 싶다. 실용성을 지향하고 청순한 소박미를 중시했던 그들에게 오사카성은 결코 작은집이 아니다. 오사카성에서 호사스러운 멋을 뽐내고 있는 것은 불필요하게 넓직한 공간이 아닌 성 외부의 장식물이었다. 물고기가 지붕 끝을 입에 물고 거꾸로 서 있는 모양의 금박 장식은 2미터가 넘는 길이에 (세로 2미터 19센티미터, 가로 1미터 10센티미터, 직경 75센티미터) 무게도 400킬로그램에 달하는 것이라고 한다. 한 건축물에 하나면 족할 지붕도 층마다 창문마다 성을 감싸고 있어 오사카성의 지붕은 지붕 본래의 기능

불타기 전의 덴슈카쿠의 모습.

을 넘어서고 있었다. 지붕과 그에 달린 번쩍이는 장식물은 오사카성을 결코 조촐한 성으로 보이지 않게 하는 포인트다.

오사카성을 다 둘러보는 데에는 그리 오랜 시간이 걸리지 않았다. 담 너머에서 보기에는 뭔가 특별한 것이 많이 있을 것 같았던 오사카성은 성체만이 홀로 모든 것을 보여주고 있었다. 성 바로 앞에 서 있는 일행의 사진을 찍을 때도 앵글만 잘 잡으면 성 꼭대기부터 친구의 발끝까지 한 장의 사진에 모두 담을 수 있는 저 건물이 '성'이라니! 일본에서는 권력과 부를 가진 자가 누리는 사치마저도 소박함의 멋을 부리고 있었다. 성을 다 둘러보고 나와 음료수를 사들고 그늘에 앉았다. 한 걸음 물러나서 바라본 하이얀 오사카성은 화창한 여름 햇살을 온몸으로 반사시키며 눈부신 자태를 뽐내고 있었다. 저 성안에 무엇이 있는지 한 층도 빠짐없이 두루 구경하고 나왔건만 자리에서 일어날 땐 다 마셔버린 음료수 캔처럼 아쉬움이 밀려왔다. 우리 고궁을 구경할 때에는 건물 안은 들어가보지 못하고 건물과 건물 사이를 거닐 뿐이었지만, 뒤돌아설 때의 느낌은 아쉬

1 덴슈카쿠 지붕 위의 황금 물고기.
2 음료수를 마시며 바라보는 오사카성의 덴슈카쿠는 자신의 속내를 다 들킨 듯 부끄러워 햇살을 반사시키고 있다.

움이 아니라 호젓함이었다. 모두 단층 건물에 색깔도 어두워 오사카성과는 판이하게 다른 우리 고궁들이 주는 장엄함과 여유로움이 내게는 더 정다운 맛이 있다. 이 나라 사람들은 경복궁에 와서 어떤 느낌을 받고 갈지. 옛성은 제나라 사람이 구경해야 제대로 멋을 느낄 수 있나 보다.

과학을 끼워 맞춘 산중의 절, 기요미즈테라

불교의 영향을 많이 받았던 동양 문화권에서 과거 건축물을 둘러보는데 빼놓을 수 없는 것이 바로 절이다. 우리 일행의 과거여행은 오사카성에서 다시 기요미즈테라(靑水寺)로 이어졌다. 778년 나라에서 온 승려 엔친이 이곳에 관음상을 조각한 것이 기원이 되어 세워진 기요미즈테라의 지금 모습은 1633년에 재건된 것이다. '기요미즈테라'라는 이름은 절을 둘러싼 오토와산으로부터 내려오는 물이 하도 맑아서 붙여진 이름이라고 한다. 물이 그토록 맑다면 산은 얼마나 푸르를 것인가. 유네스코가 지정한 세계문화유산 중 하나인 기요미즈테라를 찾아 교토로 향했다.

교토 역에서 버스를 타고 내린 뒤 기요미즈테라까지는 부지런히 발품을 팔아야 했다. 한여름날 좁고 경사진 길을 오르는 데는 차분한 인내가 필요했지만 오래된 2층 건물들이 마주서 있는 좁은 골목길에선 인사동 거리만큼이나 옛스런 정취가 느껴져 그런 대로 걸을 만했다. 고개를 들어 시선을 위로 향하면 낮게 얽히고 설켜 있는 전선 너머로 푸른 산 속에 자리한 기요미즈테라가 눈에 들어온다. 역시 절은 산중에 묻혀 있는 게 어울리는 법이다. 산 속에 묻혀 있는 절의 입구에 다다르면 교토 시내가 한눈에 펼쳐진다. 속세를 내려다보는 가슴 탁 트이는 그 기분은 그곳이

1 기요미즈테라를 향하는 이곳, 흡사 우리나라의 인사동을 방불케 했다.
2 기요미즈테라 입구에서 바라본 교토.
3 기요미즈테라는 그 자체가 자연이었다.

절이기에 오묘하기까지 했다.

기요미즈테라의 핵심은 본당이다. 본당으로 건너가기 전 먼발치에서 지긋이 본당을 바라보면 한 폭의 그림 같다는 생각이 절로 든다. 초록으로 우거진 산중턱에 붕 떠 있는 듯한 본당 건물은 이승의 것 같지 않았다. 구름 속에 묻혀 있는 천공의 성은 아니었지만 나무들 사이로 솟아 있는 기요미즈테라 본당의 모습은 불심을 지피기에 충분히 경건한 것이었다. 누가 저 목조 건물을 지면으로부터 훌쩍 올려서 지을 생각을 했던 걸까.

기요미즈테라를 설계한 건축가의 예술적 안목이 빛을 발하게 해준 것은 과학적 설계였다. 기요미즈테라를 떠받치는 15미터의 나무기둥은 무려 139개나 된다. 단순히 일자로 된 기둥이었다면 기요미즈테라의 위엄

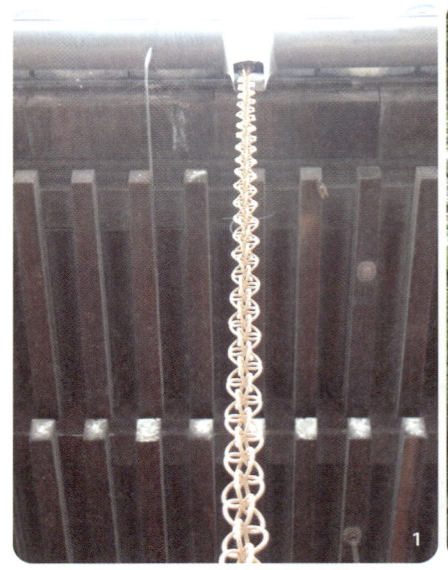

1 처마의 물받이조차 기요미즈테라의 자연스러움을 거스를 수 없게 해놓았다.
2 기요미즈테라는 그 자체가 건축과학의 절정이다. 인공조미료가 아닌 천연조미료의 느낌이랄까? 못을 전혀 사용하지 않으면서 지진의 내진을 위해 나무의 엇갈림을 절묘하게 해놓았고, 또한 자연과 어우러져 건축물로서의 가치도 대단하다.
3 길게 늘어선 줄은 속세의 세 가지 번뇌가 아닐까?

은 그리 오래가지 못하고 주저앉아버렸을지 모른다. 그러나 이 나무기둥들은 가로와 세로가 엇갈리게 끼워져 있어 웬만한 지진에도 끄떡없다. 불심과 예술적 안목만으로는 저렇게 경건하고 운치 있는 건물을 탄생시킬 수 없는 것이다. 못 하나 쓰지 않고 나무를 엇갈려 끼움으로써 기둥의 흔들림을 최소화한 과학적 설계가 본당의 경건함을 굳건히 받쳐주고 있었다.

본당을 지나 계단을 내려오면 시원하게 쏟아져 내리는 세 개의 물줄기가 눈에 들어온다. 물줄기 각각이 재물과 지혜, 건강을 준단다. 이승에서 가장 좋은 것들이 녹아 있는 웰빙 선물세트가 아닌가. 물줄기들의 효험을 확인할 과학적 방법은 아무리 생각해도 떠오르지 않았다. 사람들의 바람이 전설을 만들어낸 그곳에는 과학의 무기력을 비웃기라도 하듯 물을 먹기 위해 늘어선 줄이 길게 뻗어 있었다.

특명! 흔들림에 강할 것

2005년 3월 후쿠오카 북서쪽 해안에서 발생한 리히터 규모 5.7과 5.1짜리 지진의 여파가 우리나라 부산과 경남지역에까지 감지되어 전국을 떠들썩하게 했다. 일본 지진 소식은 박지성 선수의 근황만큼은 아니더라도 가장 자주 접하게 되는 월드뉴스 중 하나다. 국토 면적은 전 세계의 0.25퍼센트에 불과하지만 규모 6이상 강진의 22.9퍼센트가 일본 땅에서 일어난다고 한다. 유라시아 판 가장자리에 끼워 맞춘 듯 뻗어 있어 지진대에 딱 걸린 일본의 운명은 어찌해볼 도리가 없다. 지진은 지각 아래 맨틀의 움직임에 의해 발생하는데 맨틀이 움직이는 장소가 바로 판의 경계이기 때문이다. 맨틀이 움직이면 이에 따라 맨틀상부와 지각도 서서히 움직이게 되고 이 과정에서 지판끼리 서로 부딪혀 지진이 일어난다.

일본에서 지진으로 인해 가장 큰 피해를 입었던 지역은 고베와 관동이다. 우리는 오사카에서의 마지막 날에 고베를 찾았다. 빠듯했던 일정 탓에 마지막 목적지인 고베에 도착했을 땐 이미 어둑하게 늦은 저녁이었다. 지진 메모리얼 파크로 향하는 지하철 안에서 친절하게 우리의 목적지를 설명해주셨던 중년의 아주머니로부터 90엔짜리 우표를 선물받았다. 감사한 마음을 주체할 수 없게 만든 작고 가벼운 종이 안에는 108미터나 되는 고베 포트타워가 캄캄한 밤하늘 아래 주황색으로 빛나고 있었다.

늦은 저녁이라 그런지 고베시의 거리는 한산하고 조용했다. 가지런하게 정돈된 도시의 모습을 보니 10여 년 전 이 땅을 뒤흔든 지진의 상처는 거의 아문 듯했다. 지진 메모리얼 파크에 도착하자 짜디짠 바다 냄새와 시원한 바람, 저만치의 포트타워가 고된 일정에 지쳐 있던 우리를 맞아주었다. 항구도시를 상징하는 포트타워의 불빛은 낭만적 운치를 더해주었다. 겨울도 아니건만 허전한 옆구리가 불쑥불쑥 시려오게 만드는 곳이다. 멋진 야경과 시원한 바람 속에서 나도 모르게 콧노래가 흘러나오기도 했다.

그렇게 공원을 둘러보다가 우리는 공원 한쪽에 전시된 사진과 자료, 보존물을 보게 되었다. 리히터 규모 7.2의 한신 대지진이 일어난 지 10년이 되었지만 구겨진 도로와 아무렇게나 쓰러진 가로등, 건물의 참혹한

새빨간 파이프로 만들어진 고베 포트 타워는 어두웠던 지난 과거를 환하게 비춰주는 희망의 상징은 아닐까?

모습 등이 그곳에 그대로 보존되어 있었다. 진도 6이면 땅이 갈라지고 산사태가 나며 7이상이 되면 철로가 휘고 산이 무너질 정도라고 하니 한신 대지진의 파괴력은 생각만으로도 공포스러운 것이었다. 그날의 지진은 5,000명이 넘는 사망자와 4만 명에 달하는 부상자를 내며 평화로웠던 도시를 무너뜨렸다. 10조 원에 이르는 재산피해를 입은 고베 시는 이렇게 지진 메모리얼 파크를 만들어 고베 시민들뿐 아니라 먼 곳에서 온 타국민에게까지 지진에 대한 경각심을 일깨워주고 있었다. 인간이 애써 일구어 놓은 것들을 한순간에 무너뜨리고 소중한 생명을 처참한 죽음으로 몰고 갈 수 있는 자연재해에 대해서 말이다.

 자연재해는 막을 순 없지만 그 피해를 줄일 수는 있다. 한신 대지진 당시 늑장대응으로 피해가 확대됐다는 비판에 따라 일본 정부는 1996년부터 지진피해 조기평가 시스템을 가동하고 있다. 피해신고가 들어오기 전에 미리 지진을 예측하고 대응하게 하는 이 시스템은 진도 4 이상의 지진이 발생하면 자동 가동되어 30분 내로 인명피해와 건물붕괴에 대한 예측

지진이 남기고 간 고베의 상처.

메모리얼 파크는 1995년 1월 17일 발생한 한신 대지진의 위력을 고스란히 보여주는 산 교육장이었다. 사진은 기념석에 부착된 것이다.

을 내놓는다고 한다. 지역별로 편성된 전문 조사회에선 주요 활성 단층대 별로 지진발생 확률과 피해 예상규모를 수시로 산출하여 발표한다. 이러한 과학적 예측과 조기진단은 신속한 대응을 가능케 하여 지진에 대한 피해를 줄이는 데 큰 기여를 할 것이다. 내진 시설 또한 더욱 강화되었다. 고층건물의 기둥 아래엔 큰 돌을 받쳐 지어 웬만한 흔들림에도 건물을 단단히 고정시킬 수 있도록 설계된다고 한다.

지진강도 7 정도의 체험을 하고 있는 어머니와 아들.

　동경의 이케부쿠로에는 철저한 방재교육이 이루어지는 방재관이 있다. 2,300여 평에 달한다는 9층짜리 건물에는 각종 재난을 종류별로 체험해 볼 수 있는 체험관이 있었다. 그 중에서도 진도 7까지의 지진을 단계별로 체험할 수 있었던 지진 체험관이 가장 인상적이었다. 체험관에 들어가기 전에는 지진에 대한 대처방법을 교육받는다. 지진이 감지되면 먼저 가스 밸브를 잠그고 탈출 루트를 확보하기 위해 방문을 열어 의자로 고정시킨 후 테이블 아래로 들어가 몸을 피할 수 있도록 말이다. 막상 체험실에 들어가서 격렬하게 흔들리는 땅 위에 있어보니 가상임에도 불구하고 앞서 배운 요령을 행동에 옮기는 과정에서 무척이나 긴장을 했다. 바이킹을 탈 때 최고점에서의 스릴보다 더 무서운 안전장치에 대한 불안감과 비슷한 종류의 긴장이랄까.

　방재관에 단체로 관람을 온 사람들의 표정에도 진지함이 배어 있었다. 비록 가상이기는 하나 재해를 경험한 것과 해보지 않은 것은 실제 상황에서 능동적인 대처의 차이로 나타날 것이다. 한 해 평균 6만 명의 사람들이 이케부쿠로 방재관을 방문한다고 한다. 열도의 땅위에 사는 한 80여 년 전 10만 명의 생명을 앗아간 도쿄의 관동 대지진과 1995년 6천여 명의 사상자를 낸 고베 한신 대지진의 공포를 떨쳐버릴 수 없는 그들이기에 측은한 마음이 들기도 했다. 그러나 공포에 대한 기억과 함께 예기치 못할 미래에 대한 준비는 다음 번 재난의 피해를 줄일 것임에 틀림없다. 방재관의 관람 분위기 속에서 내가 본 것은 열도의 운명인 지진에 맞서 대응하는 일본 사람들의 용기 있는 준비, 진지한 눈빛이었다.

과학의 힘, 사람의 힘

일본에서 만난 현대 건축물 중 가장 기억에 남는 것은 요코하마의 랜드마크타워이다. 지상 70층, 지하 4층으로 296미터나 되는 랜드마크타워. 그곳 69층 스카이 가든에서 내려다본 야경은 도시에서 볼 수 있는 최고의 낭만이었다. 자연경관이 아닌 인간이 만든 장관을 보기 위해 전망대에 오르는 데는 불과 30초밖에 걸리지 않았다. 기네스북에 오른 최고속도의

어린아이부터 나이가 지긋한 회사원까지 방재관을 관람하는 태도가 사뭇 진지하다.

엘리베이터는 분당 750미터의 속도로 하늘을 향해 전력 질주했다. 일본에서 가장 높은 곳에 올라 도시를 내려다보니 내가 얼마나 작은 존재인지를 새삼 느낄 수 있었다. 레고 블럭 같은 자동차가 저만치 발밑에서 반듯한 차선을 지키며 달리고 도로와 건물, 야구장도 그저 장난감 부품처럼 작게만 보였다. 그 속에서 북적일 사람들의 모습은 너무 작아 눈에 보이지도 않으니 인간의 존재가 한없이 작게만 느껴질 수밖에. 그러나 가로등을 세워 밤을 환하게 밝힌 것도, 이토록 눈부신 야경을 만든 것도, 도로를 만들고 자동차를 만들고 하늘에 닿을 듯한 건물을 지어 그 모든 피조물들을 한눈에 내려다볼 수 있게 만든 것도 모두 우리 인간이다. 스카이 가든에 오

랜드마크타워에서 바라본 아래는 걸리버가 소인국에 간 느낌이랄까? 마치 내가 거인이 된 듯한 착각에 빠졌다.

르면 작지만 위대한 인간의 역설적인 존재성을 보게 될 것이다.

300미터에서 4미터 모자라는 랜드마크타워는 일본에서는 이례적으로 빠른 시간에 지어진 건물이란다. 200만 명의 사람들이 투입되어 3년 만에 뚝딱 지어진 이 건물의 몸무게는 44,000톤에 이른다. 실로 건축물의 대단한 발전이다. 또한 대단한 건축물보다 더 대단한 인간의 힘이기도 하다. 기요미즈테라와 오사카성, 호류지와 도다이지, 미야지마 등 일본 과거 건축물에서부터 랜드마크타워에 이르기까지 인간이 지은 건축물은 그 자체가 역사가 되어 사람들의 발길과 시선을 붙들고 있었다.

과학적인 생각이 주춧돌을 만들고 기둥을 세우고 지붕을 덮었을 모든 살아 있는 역사들에겐 그들을 지어낸 사람들이 있다. 운치 있고 아름다운 건축물 앞에 서면 건축미에 취하기 전에 그것을 가능케 한 과학의 힘과 사람들의 힘을 먼저 생각해보는 게 어떨까. 형체로 표현된 것 이상의 위대한 어떤 것을 느끼게 될 것이다. 일본에서 만난 건축물들. 그들과 함께 만난 장인들의 지혜와 노고는 소박하면서도 화려하고 아름다웠던 건축물들의 외관과 함께 기억에 오래 남을 것 같다.

도쿄 후지 TV본사 www.fujitv.co.jp/gotofujitv/index2.html
신주쿠 도쿄 도청 www.yokoso.metro.tokyo.jp
요코하마의 랜드마크 타워 www.yokohama-landmark.jp
오사카 성 www.museum.or.jp/osakajo
기요미즈테라 www.kiyomizudera.or.jp
고베 메모리얼 파크 www7a.biglobe.ne.jp/~mt-rokko/j_mlpark.htm
이케부쿠로 방재관 www.tfd.metro.tokyo.jp/hp-ikbskan/index.html
나라의 도다이지 www.todaiji.or.jp/
호류지 www.horyuji.or.jp/
미야지마 www.miyajima.or.jp/

02

일본 패션의 현주소

한 가지만 취급하는 '백화점'

유난히 젊은이들로 북적이는 하라주쿠 역전. 삼삼오오 모여 있는 앳된 얼굴의 청소년들과 20대 초반의 신세대 속에서 의외의 모습을 심심찮게 발견할 수 있었다. 밤이 깊도록 젊은 사람들로 북적이던 시부야의 한 맥주집과 오사카의 숙소 근처 편의점에서도 볼 수 있었던 바로 그 모습. 그것은 명절이나 특별한 날이 아닌데도 기모노를 입고 있는 일본 젊은이들의 모습이다. 한국의 거리에서 한복을 입은 젊은이를 발견하는 것은 쉬운 일이 아니다. 고궁에나 가야 결혼 기념 촬영을 위해 웨딩드레스를 한껏 차려입은 예비 신부들 속에서 어쩌다 한 번씩 한복을 입은 모습을 볼 수 있을 뿐이다. 그러나 일본은 달랐다. 기모노를 한여름 푹푹 찌는 무더운 날씨 속에서도 대수롭지 않게 입고 다니는 일본 여인들의 모습에서 별

우에노 근처에 있는 기모노 백화점 입구. 그곳에는 기성 기모노부터 수제로 만드는 기모노가 아주 다양하게 준비되어 있다.

스러운 그들의 기모노 사랑을 엿볼 수 있었다.

기모노에 대한 일본 사람들의 관심과 애정은 기모노에 관한 모든 것을 전문적으로 판매하는 기모노 백화점에서도 실감할 수 있다. 우에노의 한 거리에 있는 기모노 백화점에서는 1,000만 원을 호가하는 비싼 가격의 기모노에서부터 기모노와 짝꿍격인 게다와 조리 등 이방인의 눈을 번뜩이게 하는 것들을 판매하고 있었다.

기모노 백화점 안에는 기모노 학원도 있다. 기모노 학원이라고 하면 기모노를 만드는 방법을 가르치는 곳이라고 생각하기 쉽지만 그곳은 기모노를 제대로 입는 방법을 가르치는 곳이었다. 도대체 얼마나 입는 방법이 까다롭기에 학원까지 있을까. 기모노는 겹쳐 입는다는 말에서 유래된 이름이다. 최홍만 선수를 감싸고도 남을 이불만한 천을 몸에 돌돌 둘러서 착 달라붙게 입는 것이 기모노라는 얘기다. 허리에 동여매는 오비

1 기모노를 펼쳤을 때 굉장히 폭이 넓고 복잡하다. 이 많은 천을 다 몸에 감아 걸치고 다닌다니 조금은 거추장스럽지 않을까. 하지만 일본인들의 기모노 사랑은 절대적이다.
2 기모노 백화점 내 기모노 학원이 있다. 평일인데도 불구하고 기모노 학원에는 수강하는 학생이 많았다. 수강생의 나이는 20대~50대까지 다양한 듯했다. 위 사진은 기모노 학원 선생님 중 한 분이다.

라는 끈을 감는 데에도 순서와 방법이 있어 섣불리 입었다가는 기모노의 맵시가 나지 않는다. 그러니 손끝이 둔하거나 집중력이 떨어지는 여성들이 기모노를 제대로 입기란 쉬운 일이 아니다. 일본에서는 매년 1월 15일, 20세가 된 사람들이 성년식을 치르며 여성이면 누구나 화려한 기모노를 차려 입는다고 한다. 그날을 위해 기모노 학원을 찾는 사람들도 많다고 하니 '제대로' 입으려는 관심에서도 그들의 전통 옷에 대한 사랑이 느껴진다.

일본의 멋을 입어보다

기모노 학원에서 본 것은 일본인들의 전통 옷에 대한 관심만이 아니었다. 기모노에 관심을 보이는 외국 대학생에게 그곳 담당자 분들이 보여준 친절은 기대했던 것 이상이었다. 원장 선생님은 웃음과 미소를 보태어 기모노의 역사와 전통, 특징에 대해 설명해주었다. 우리의 갸우뚱거림에도 불구하고 매우 자세히(짐작컨대) 말이다. 완벽하게 알아들을 수는 없었지만 친절함 속에서 언어의 장벽을 뛰어넘는 소통이 이루어지고 있었다. 기모노 학원 선생님들은 우리에게 기모노를 입어볼 수 있는 특별한 기회를 주기도 했다. 기모노를 입혀준다는 말에 길게 풀었던 머리를 끈으로 묶어 올렸다. 아무래도 기모노에는 올린 머리가 잘 어울릴 것 같았다. 발랄한 색깔의 기모노를 들고 오신 선생님은 학원 한쪽 방에서 학원생들에게 지도하는 방법 그대로 기모노를 입혀주었다. 기모노를 누구보다도 제대로 입어보게 된 것이다.

기모노에는 특별한 사이즈가 없다. 크게 재단된 옷을 몸에 둘둘 말고 오비라는 긴 허

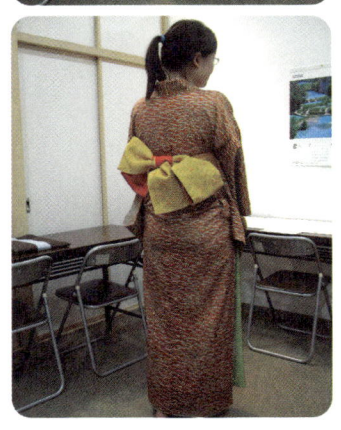

기모노를 직접 입어본 주인공들.
기모노의 앞면과 뒷면의 모습.

리끈으로 꽉꽉 조여 허리 뒤에 커다랗지만 앙증맞은 매듭을 지으면 그만이다. 오비를 허리전체에 두를 때에는 방심하고 있으면 안 된다. 적절히 숨을 골라서 오비의 압박에서 호흡이 자유로울 수 있도록 조절해야 하기 때문이다. 영화 〈바람과 함께 사라지다〉에서 18인치의 가는 허리마저도 코르셋으로 억세게 조여야 했던 비비안 리의 고통을 이해할 수 있었던 짧은 순간이었다. 기모노를 입으면 보폭도 좁아진다. 다리를 감싸는 부분마저 좁게 돌돌 말려 있어 괴한이 나타나도 앞차기를 날릴 수 없다. 복부도 답답하고 아무리 열심히 걸어도 종종걸음일 뿐이니 실속과는 거리가 먼 옷이지만 거울에 비친 모습에서 일본스러운 멋이 느껴졌다.

염색한 머리에 피어싱을 하고 호프집에서 맥주를 즐기는 젊은 여성들에게까지 사랑받는 외출복의 하나인 기모노는 따지고 보면 백제 문화에 그 뿌리를 두고 있다. 일본의 대표적 기모노 연구가인 가와다 마치코 씨는 2003년 서울에서 열린 한일 문화축제 '프리 페스티벌 팬터시 피날레 2004(Pre-Festival Fantasy Finale 2004)'에서 일본은 예로부터 한반도를 거쳐 대륙의 문화를 받아들이고 모방하면서 문화를 형성했고 나라시대까지 궁중의상의 색깔과 모양 모두 한복과 매우 닮아 있었다고 말했다. 백제에서 들어온 문화가 일본에서 소화되면서 일본 전통의 궁중의상이 완성됐다는 것이다. 그러나 천년의 세월이 흐른 뒤 지금의 기모노는 한복과는 분명 큰 차이가 있다. 한복에서 보이는 상·하의의 분리와 곡선미가 기모노엔 없다는 것이 가장 큰 차이라 하겠다. 근원은 같은 곳에 있었지만 일본만의 것으로 새롭게 자리 잡은 기모노에는 그들만의 색깔이 수놓아져 있다. 중국의 마괘자에서 유래되었지만 우리의 독특한 옷으로 자리 잡은 마고자처럼 말이다.

감동과 긴장 속 실크 박물관

기모노를 만드는 옷감의 재료는 실크다. 5천 년 전에 중국에서 발명된 실크는 실크로드를 통해 2천 년 전 서양으로 전해졌다. 실크는 중국에서 우리나라를 거쳐 일본에까지 이르는데, 그 시기가 백제 상고왕 34년이라고 한다. 실크에 대한 과학적 정보와 시대별 기모노가 전시되어 있는 실크박물관은 실크로드의 종착역인 항구도시 요코하마에 있었다.

실크박물관의 하이라이트는 2층에 전시된 기모노 전시관이다. 그곳엔 아스카시대(6-7세기)에서부터 메이지(19-20세기), 다이쇼시대에 이르기까지의 사람인지 인형인지 꿈에 볼까 무서운 마네킹에 의복들이 입혀져 전시되어 있었다. 그 어느 패션쇼보다도 화려하고 버라이어티한 무대라 할 수 있다. 그 중에서도 가장 눈에 띄었던 옷은 헤이안시대의 귀티 나는 여자마네킹이 입고 있던 의상이었다. 겉으로 보이는 것만 열 겹이 넘게 겹쳐 입은 말 그대로의 기모노는 당시의 사치풍속을 잘 보여주는 동시에

요코하마에 있는 실크 박물관 입구 모습.

초창기 기모노의 소박한 출발.

화려한 매력을 한껏 발산하고 있었다. 지금의 한복과 기모노를 놓고 봤을 때 의외였던 점은 16세기까지만 해도 일본의 옷이 삼국시대 우리나라 의상과 별반 다르지 않았다는 것이다. 우리가 일반적으로 기모노라고 생각하는 옷의 모양과 그에 어울리는 뒤로 넘겨 올린 머리스타일은 17세기 에도시대에 와서야 나타나기 시작한다. 시대가 변함에 따라 새롭게 거듭나고 있는 기모노는 그렇게 천년이 넘는 시간 속에서 다듬어진 것이었다. 기모노 옷 한 벌 속에 일본의 역사가 짜여져 있음이다.

기모노가 가진 화려함과 고급스러움의 정체는 무엇일까? 2층 전시실

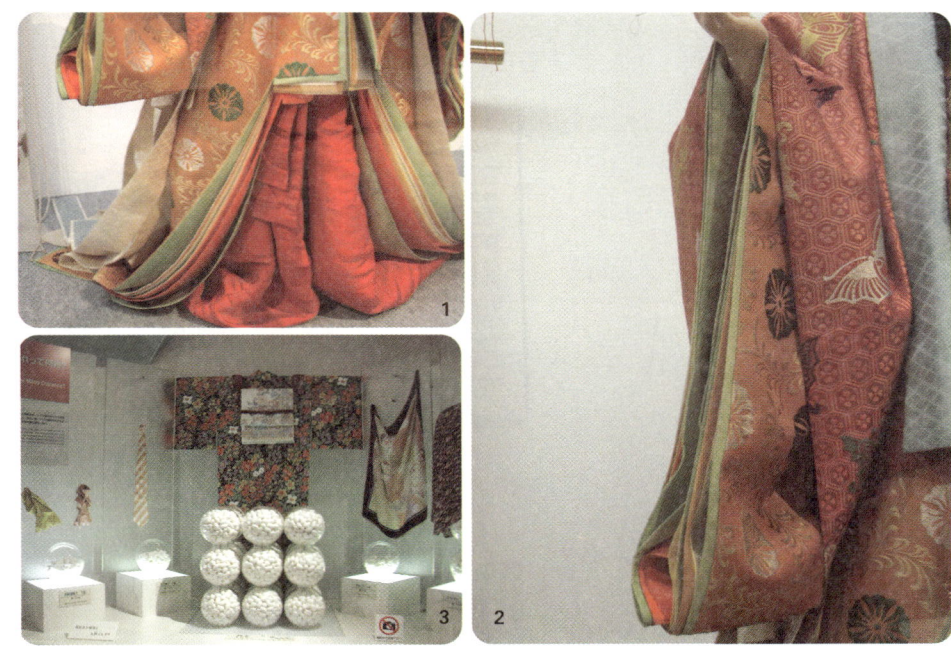

1, 2 화려하고 여러 겹으로 된 기모노를 입은 마네킹. 자세히 보면 열 겹은 족히 넘을 듯하다.
3 실크의 재료. 누에고치 한 통으로 무엇을 만들어 입을까?

에서 기모노의 매력에 흠뻑 취한 채 아래층으로 내려오면 실크에 대해 과학적으로 접근할 수 있는 전시물들이 있다. 첨단 기술이 발전한 요즘에도 직물의 여왕으로 확실한 자리 매김을 하고 있는 실크의 엄청난 비밀이 낱낱이 파헤쳐진 그곳에선 긴장감마저 감돌았다.

연인보다 가까운 거리에서 늘 함께 하면서도 제대로 파악하지 못했던 실크의 정체는 이런 것이다. 우선 실크하면 떠오르는 첫 번째 이미지는 물방울도 미끄러져 내려올 것 같은 부드러운 감촉인데, 자연계에 존재하는 섬유 중 가장 긴 섬유로 구성되어 구김 없이 휘어짐을 유지할 수 있기

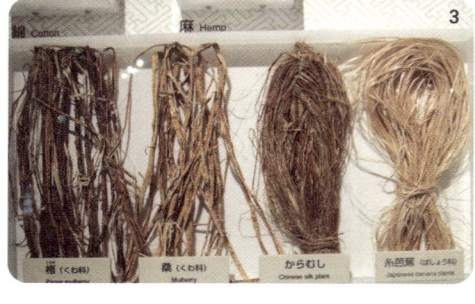
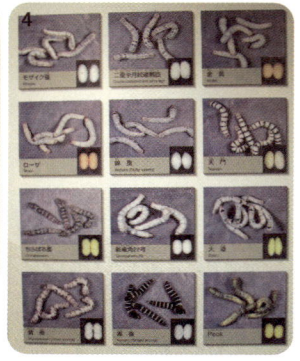

1 누에고치의 구조.
2 누에고치의 작은 세상.
3 누에고치는 지역별로 먹는 것이 다르다. 그럼 우리나라는 뽕나무 잎 말고 어떤 것을 더 먹일 수 있을까.
4 어떤 색이든지 다 만들 수 있다.

때문이다. 실크를 구성하는 섬유는 두께가 다른 가닥으로 짜여 있어서 부드러운 감촉 속에 힘과 긴장을 유지할 수 있다.

두 번째는 번뜩이는 색! 실크 섬유의 전자적·구조적 특징은 실크로 하여금 고급스러우면서 화려한 색을 뽐내게 한다. 실크는 합성섬유와 다르게 양이온과 음이온을 모두 가질 수 있는데, 이러한 전자적인 특징이 실크를 염색하기 쉽게 만들어준다. 즉, 실크는 염색에 쓰이는 물질과 강한 구조적 결합을 통해 다른 직물에 비해 우수한 빛깔을 뽐낼 수 있는 것이다.

실크 박물관에는 직접 천을 만들 수 있게 베틀을 개인에게 허용한다. 한 어린이가 베틀을 다루고 있다.

　마지막으로 실크의 우아한 광택은 삼각형태의 프리즘과 같은 섬유의 구조 덕이다. 이러한 구조는 여러 각도에서 빛을 반사시켜 눈부시게 아름다운 천을 만든다. 진주의 안쪽 층을 자세히 보면 얇은 단백질 층이 축적된 것을 볼 수 있다. 진주의 표면을 빛이 때리면 빛이 깨지면서 각각 다른 단백질 층에 의해 반사되는데 이와 마찬가지의 원리로 실크 역시 고급스런 광택을 갖게 된다.

보라, 쫄쫄이 수영복의 위력을

우리 일행이 도쿄에 도착한 다음 날 일본 열도를 환희로 들끓게 만든 한

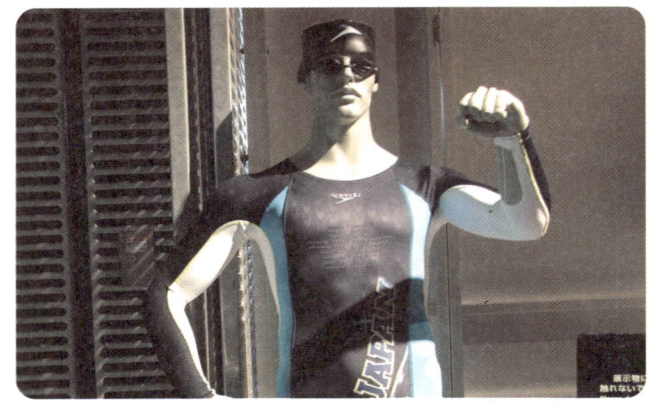

과학미래관의 하이테크 섬유전 중에서.

 남자가 있었다. 신체조건상 아시아인들에게 불리한 수영 부문 평형 100미터와 200미터에서 아테네 올림픽 2관왕을 차지하며 세계를 놀라게 한 기타지마 고우스케. TV 프로에서 근육으로 다져진 팔을 치켜올리며 승리의 미소를 지어 보였던 그를 일본 과학미래관 하이테크 섬유전에서 다시 만날 수 있었다. 천년 전 기모노에서 지금의 기모노까지 일본 옷의 장대한 역사를 알차게 구경했으니 이번엔 그들 옷의 미래를 볼 차례였다. 때마침 과학미래관의 특별 전시관에서는 각종 섬유의 종류와 용도, 변천사, 그리고 미래의 옷감을 전시한 하이테크 섬유전을 열고 있어서 그렇게 반가울 수가 없었다.

 과학기술로 재단된 미래의 옷을 만날 생각에 한껏 부풀어 전시관에 들어서자 입구부터 눈에 띄는 것은 다름 아닌 수영복이었다. 수영복도 옷이던가? 사람이 입는 것이니 옷은 옷이겠다만 우리가 보통 입는 옷과는 분명한 차이가 있었다. 고도의 기술력으로 만들어진 옷. 그래서 단위면적당 초고가의 가격이 매겨져 한 장에 27만 엔(우리 돈 약 270만 원)에 판매되는 수영복의 자태가 제법 늠름해 보였다. 1백 분의 1초를 다투는 승부의 세계에서 선수와 물의 마찰을 최대한 줄여주는 최첨단 수영복 개발은 올림픽 금메달의 영광으로 되돌아왔다. 과학미래관에서 볼 수 있는 수영복들은 일본의 세계적 스포츠 용품 브랜드인 미즈노에서 7월 30일부터 전시한 것이라고 한다. 전시를 시작한 지 한 달도 되지 않아 기타지마 고우스케의 노력에 보태어진 그들의 값진 기술력이 아테네에서 입증된 것이다.

물체가 물이나 공기에서 움직일 때 작용하는 저항에는 압력 항력과 표면 마찰 항력이 있다. 압력 항력의 경우 몸을 최대한 유선형이 되도록 훈련함으로써 줄일 수 있다. 표면 마찰 항력은 우리 몸이 운동복과 마찰되는 부위에서 생기는 것으로 운동복 표면의 상태와 거칠기, 직물의 짜임새에 따라 달라진다. 움직이는 물체에 작용하는 항력 중 표면 마찰 항력이 60퍼센트라고 하니 무엇을 입었느냐가 승패를 결정짓는 큰 요인이 된다는 말이다. 지금까지의 운동복 표면 마찰 감소 기술은 수영복 원단의 거칠기를 사람 피부보다 작게 하고 전신수영복을 만듦으로써 물의 흡수를 막아 부력을 증가시키는 정도였다. 그러나 1998년 스피도사는 수영복의 배 부위에 1밀리미터 이하의 작은 홈을 촘촘하게 설치해서 몸 주위의 물 흐름을 증가시키는 리블렛(Reblet, 작은 갈비뼈 모양의 돌기)을 설치하여 '패스트 스킨' 수영복을 제작했다. 기타지마 고우스케가 입었던 수영복 역시 섬유표면에 실리콘과 티타늄을 주입하여 상어비늘의 V자 리블렛을 재현한 것이었다. 선수가 물결을 잘 탈 수 있게 수영복의 가슴 쪽 표면 리블렛(깊이 0.1밀리미터, 폭 0.5밀리미터, 홈 간격 1.0밀리미터)을 만들어 수영복 표면으로 물길이 지나가도록 고안된 첨단 수영복은 기존 제품

보다 물에 대한 저항을 4-5퍼센트나 줄일 수 있다고 한다.

　스피도사에서 처음으로 제작된 전신 수영복은 2000년 아테네 세계쇼트코스 수영선수권에서 15개의 세계기록을 쏟아내며 최첨단 제품의 진면목을 과시했다. 상어비늘을 모델로 하여 만든 패스트 스킨 옷감은 가벼운 데다 신축성이 탁월해 근육을 사용할 때마다 따라 움직이며 허벅지 근육을 고정시켜준다고 한다. 보기에는 꽉 조이고 불편해 보여도 선수의 전진을 도와주는 믿음 직한 동반자임이 분명하다. 그러나 이 특별한 수영복은 어디까지나 미끈한 몸매의 선수들에게만 유용할 것 같다. 발목부터 목까지 오는 전신 수영복을 입는 데에는 4명의 도움으로도 10분이 걸린다고 하니 몸에 착 달라붙는 정도를 쉽게 예상할 수 있을 것이다. 그러니 군살 있는 몸매는 어디 민망하여 입어볼 수나 있겠는가.

　미래에는 과학이 만든 첨단 옷이 운동복을 넘어서 일상의 영역으로 보편화될 것이다. 단지 몸을 보호하고 아름다움을 연출하는 수단으로써가 아닌 활동기능을 도와주는 옷은 우리가 가진 옷의 개념에 많은 변화를 가져올 것이라 생각된다. 추울 땐 열을 내어 몸을 따뜻하게 해주는 옷, 더울 땐 열을 흡수해서 시원하게 만들어주는 옷 등 우리가 상상할 수 있는 옷의 범위엔 제한이 없다. 하이테크 섬유전을 관람하고 나올 때의 느낌은 설렘이었다. 가제트 만능 팔이 부럽지 않은 똑똑한 옷을 입게 될 것이라는 만화적인, 그러나 현실적인 기대가 있었기 때문이다.

너는 무엇을 입고 있니?

백화점 못지않은 대형 쇼핑몰이 한 눈에도 대여섯 개는 되어 보이고 한껏 차려입은 젊은 사람들의 물결에서 앞서가는 유행을 볼 수 있었던 신주쿠 거리. 한국의 유행은 많은 부분 열도에서 건너온 것이라고 한다. 그런데 우리가 배워가야 할 것은 시간이 지나면 빠르게 변하는 패션의 유행 그 껍데기가 아니라 일본 사람들 안에 체화된 전통 옷에 대한 자부심과 사랑, 그리고 그 속에서 새로운 것을 만들어가는 창의력이다. 이제 옷은 과학의 섬유로 짜여져 미래로 가고 있다. 동시에 천년의 역사를 가진 일본만의 옷 기모노는 장롱 속이 아닌 일본의 거리에서 당당한 자태로 전통의 맥을 이어갈 것이다. 전통 옷에 대한 사랑과 자기만의 유행을 만들어가는 옷에 대한 개성 있는 철학. 이것이 2004년 여름 우리가 보았던 일본 패션의 현주소이다. 패션의 일번지 신주쿠는 자신만의 색을 입은 사람들로 화려했다.

실크 박물관 www.silkmuseum.or.jp

+ 주소   요코하마시 나카구 야마시타오 1번지 실크 센터 내 (横浜市中区山下町1番地　シルクセンタ内)
+ 교통   사쿠라기초 역 또는 간나이 역 하차 도보 15분.
+ 전화   045-641-0841
+ 개관   오전 9시 ~ 오후 4시 30분
+ 휴관   월요일(월요일이 축일의 경우는 다음날), 연말 (12월28일~1월4일)

03

SF 만화강국, 과학강국

심봤도다, 만다라케!

번화한 신주쿠 거리. 골목골목 조밀하게 들어선 건물들 사이에서 우리가 찾는 간판을 발견했다. '만다라케!'. 어둑어둑한 계단을 따라 내려가 지하 1층에 들어서자 젊은이로 북적였던 지상의 거리와는 전혀 다른 분위기의 별천지가 펼쳐졌다. 그곳은 별천지 중에서도 책 천지였고 나를 경악케 만든 것은 그 어마어마한 양의 책들이 모두 만화책이라는 사실이었다. 만다라케에는 종류를 헤아릴 수 없는 만화잡지와 만화책뿐 아니라 만화 속 주인공의 의상과 소품도 판매되고 있어 볼거리가 많았다. 만화를 좋아하는 사람이라면 만다라케에 와서 얼마나 신이 날 것인가. 서장훈, 이상민보다는 강백호를 더 좋아하고 때때로 〈피구왕 통키〉의 주제가를 흥얼거리며 가족과의 채널싸움 속에서 꿋꿋하게 〈짱구는 못말려〉를

신주쿠에 위치한 만다라케. 남녀노소 가릴 것 없이 만화를 좋아한다.

시청하는 나 같은 사람 말이다.

열도에서 한 해 21억 권의 만화책이 쏟아져 나오고 만화가가 개인 납세 3위를 할 수 있는 이유는 남녀노소가 없는 일본 사람들의 만화사랑에 있다. 자신이 좋아하는 만화 속 주인공과 똑같은 차림으로 거리를 돌아다니기도 하는 이들의 특별한 만화사랑은 저패니메이션이라는 거대한 영화산업의 물결도 일으켜냈다. 저패니메이션은 지금 일본 내에서만이 아니라 국경을 넘어 세계화되고 있다. 만화백화점이라는 뜻의 만다라케는 저패니매이션이 쏟아낸 상상의 산물들로 넘쳐나고 있었다.

사주팔자로 본 아톰의 성공운

만화 발달 초기에 등장하는 아톰과 같은 로봇은 작고 미약한 인간의 욕망

교토 역에서도 볼 수 있는 아톰.

이 만들어낸 힘의 상징이었다. 그렇기에 초인적 능력으로 적과 맞서는 아톰은 전후 일본인들에게 패전의 상처를 보듬어주는 존재가 될 수 있었다. 영웅이 등장하는 스토리가 다 그렇듯 시련은 있어도 패배는 없는 아톰의 활약상은 패전을 겪은 일본인들을 열광시키기에 충분했을 것이다. 지금의 저패니메이션이 있기까지 일본 애니메이션의 획기적 전환기를 가져다준 아톰은 1963년 〈철완아톰〉이라는 제목으로 TV전파를 타고 일본 전역의 안방으로 날아들었고 불안했던 최초였지만 TV애니메이션을 하나의 장르로 정착케 했다. 발바닥으로 불꽃을 내뿜으며 하늘을 나는 아톰은 일본 만화의 발달에 날개를 달아준 것이다. 아톰에 대한 폭발적 사랑으로 시작된 일본 애니메이션은 게임이나 빠찡코같이 비현실적인 것에 빠져들기 좋아하는 일본 사람들의 정신세계와 맞물려 거대한 별천지를 만들어낼 수 있었다.

아톰으로 대변되는 일본 공상과학만화는 월트 디즈니의 그것과는 분명 큰 차이가 있다. 디즈니 만화에는 없는 로봇이 등장하는 것부터가 그렇다. 꿈과 낭만이 가득한 동화적 판타지에 빠져들기엔 그 사회가 가진 상처가 너무 컸던 것일까. 태평양 전쟁과 패전의 어두운 현대사를 가진 일본의 만화 속엔 힘의 상징인 초인적 기계가 등장하니 말이다. 로봇에 대한 광적인 열망은 그들의 사무라이 정신과도 맥을 같이 하는 것 같다. 사무라이 하면 대충 휘감은 천자락 아래 투엑스라지 사이즈 팬티 바람으로 서슬퍼런 대검을 휘두르는 무사의 모습이 먼저 떠오르지만 그들안엔 온 마음 다하여 숭배하는 힘을 향한 동경이 있다. 그러한 일본인들에게 과학이 힘을 위한 수단으로 먼저 인식되었을 법하다. 용감하게 적들과 맞서는 아톰을 만들어낸 수단 말이다.

일본 과학의 시작 역시 디즈니의 땅 서양과는 다르다. 그 옛날 돈 많고 할 일 없고 시간은 남아도는 팔자 좋은 몇몇 서양 사람들이 호기심에 차서 과학을 연구했던 것과 달리 일본은 국가적 필요에 의해 과학이 시작되었다. 그들에겐 힘, 즉 무력이 필요했기 때문이다. 사무라이 정신과 대동아 전쟁, 과학의 토대을 따져보았을 때 열도에서의 로봇만화 대성은 운명적이기까지 하다.

아톰 10주년 기념.

아톰을 만나러 가는 길

숙소에서 다카라즈카 역까지는 지하철로 두 시간여가 걸렸다. 열차를 여러 번 갈아타고, 다시 말하면 잠들 만하면 깨는 힘겨운 상황을 수차

1 데즈카 오사무 박물관 앞을 지키는 불새.
2 데즈카 오사무 박물관 입구.

례 거듭하며, 도착한 그곳은 아톰의 아버지 데즈카 오사무의 고향이라고 한다. 데즈카 오사무 박물관은 조용하고 한적한 도시의 한 골목에 박물관이라는 이름이 어울리지 않는 예쁜 건물에 자리하고 있었다.

1층에는 데즈카 오사무가 제작한 여러 편의 만화에 대한 소개와 그가 어린 시절 그렸던 그림, 의대 시절의 모습, 심지어 웬만해선 구경하기 힘든 중학교 때의 성적표도 전시되어 있었다. 진지하게 관람하는 사람들 중에는 어린아이에서부터 연인과 노인 등 그야말로 남녀노소가 없었다. 그들에게서 진지한 눈빛 속에서 아톰에 대한 관심과 사랑이 엿보였다. 전시물 중 가장 눈에 띄었던 것은 데즈카 오사무가 어린 시절 즐겨 읽었다는 책이다. 곤충에 관한 여러 종류의 책에 파묻혀 많은 시간을 보냈던

1 데즈카 오사무의 성적표, 책, 곤충채집 등이 진공관 형태로 전시되어 있다. 중학생 정도 되어 보이는 소년이 오사무의 곤충채집에 흠뻑 빠져 있다.
2 만화가 지망생인 듯한 한 학생이 오사무가 그린 만화에 흥미를 보이며 열심히 메모하는 모습.
3 아톰이 전시되어 있다.
4 옛 추억에 흠뻑 빠진 할아버지.

그였기에 남다른 관찰력과 상상력을 바탕으로 아톰 같은 인물을 탄생시킬 수 있었을 것이다. 박물관 2층에는 아톰의 TV시리즈를 다시 보기 할 수 있는 컴퓨터가 있어서 흑백으로 방영되었던 40년 전의 아톰을 만나 볼 수 있었다. 지금의 3D애니매이션에 비하면 촌스럽기 이를 데 없는 영상이었지만 옛스러운 정감이 묻어 있는 반가운 것이었다.

데즈카 오사무 박물관은 옛것을 전시하고 있었지만 박제된 시간 속에 정지해 있는 곳이 아니었다. 2층 구석에선 책상 위에 구비된 색연필과 종이로 스크랩북에 있는 데즈카 오사무의 그림을 따라 그려볼 수 있고 지하로 내려가 만화 속 기계장치들이 현실로 튀어나온 복도를 지나면 40분이 소요되는 애니메이션 교실에서 그곳 선생님과 함께 만화를 그려볼 수도 있다. 25분간 상영되는 데즈카 오사무 어린 시절에 관한 짧은 애니메이

1 데즈카 오사무가 그린 만화와 잉크 그리고 펜.
2 애니메이션 교실에서 아이들과 선생님이 함께 그림을 그려 보고 있다.

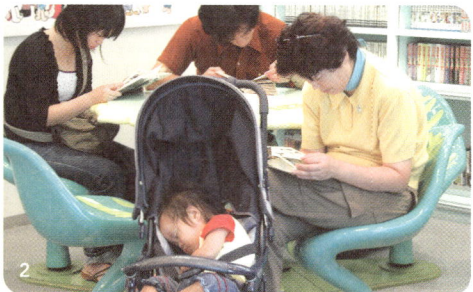
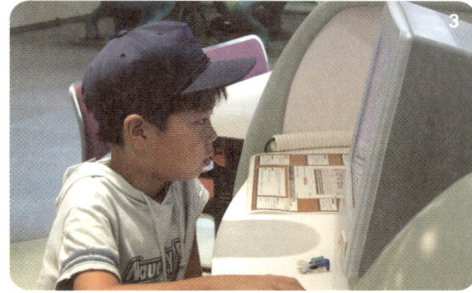

1 2층에는 오사무가 만든 단편 애니메이션을 볼 수 있게 컴퓨터가 마련되어 있다.
2 아이가 자는지도 모르고 만화 삼매경에 빠진 엄마.
3 만화에 심취한 아이.

션은 세련된 음악과 영상이 감동을 더해줬다. 만화의 힘이란 그런 게 아닐까. 그때 상영관을 메웠던 아톰 주제가의 잔잔한 울림이 아직도 내 안에서 잊혀지지 않는 박물관의 기억과 함께 생생하게 재생되고 있으니 말이다.

아톰에 대한 일본인의 사랑은 과거형이 아니다. 현재형이자 미래진행형인 아톰사랑은 저패니메이션의 근원이 되어 일본 만화산업을 탄탄하게 받쳐줄 것이다.

건담 박물관엔 뭔가 특별한 것이 있다

1979년 일본 만화를 평정한 건담 시리즈가 등장했다. 사람이 내부로 들어가서 조정을 하도록 설계된 거대 로봇은 막강한 힘의 상징이자 기술이 진보된 사회의 상상물이었다. 사람들은 과학적 설정으로 무장된 건담이 보여주는 힘에 매료되었다. 신화에 등장하는 신들의 것과 같은 주술적 힘이 아닌 과학이 점철된 구체화된 무력은 건담의 가장 큰 매력이었다. 과학의 코드와 만화와의 만남은 사람들을 한 차원 높은 상상의 세계로 이끌면서 끈끈한 공생의 길을 가게 된다. 일본 만화의 가장 특징적인 틀로 자리 잡은 과학적 설정의 코드, 그 기반에 건담이 있다.

반다이 뮤지움으로 불리는 건담 박물관은 아주 흥미로운 곳이다. 보통 박물관이라고 하면 옛것을 전시하는 게 일반적이기 때문이다. 반다이 뮤지움에서 볼 수 있었던 것은 설정된 미래였다. 22세기 스페이스 콜로니가 배경이 된 건담 이야기는 암울한 우주전쟁 속 건담의 활약상을 그리고 있다. 그렇다 보니 그곳에 전시된 무기와 로봇들은 모두 미래의 것이다. 실제가 아닌 상상 속 미래이긴 하지만 우리의 미래를 그 누가 알겠는가. 모두 허구일 뿐이라고 일축시키지 말고 무한한 상상력이 만들어낸 전시물들을 열린 마음으로 즐기는 것이 건담 박물관에서의 가장 중요한 에티켓이다.

반다이 뮤지움이 흥미로운 또 한 가지 이유는 그곳만이 가진 분위기에 있다. 어둑한 조명과 긴장감을 주는 기계음부터 우주 승무원 차림의 표 받는 안내원 등. 건담 이야기 속에 들어와 있는 느낌을 주는 것은 이뿐만이 아니다. 다른 주제가 전시된 곳으로 이동하기 위해 통과해야 하는 문은 만화나 영화 속에서만 보았던 그 문! 양쪽으로 스스륵 열리는 나사가 많이 박힌 육각형의 바로 그 문이었다! 그러니 그 오묘한 분위기를 즐기는 기분이 전시물을 구경하는 것만큼이나 재미날 수밖에.

그렇게 그곳만의 분위기를 푹 빠져 신나게 둘러보다 보면 반다이 뮤지엄의 하이라이트를 발견하게 된다. 특전 용사 건담의 비밀이 낱낱이 공개된 엑스파일 말이다. 건담의 실체라고 할 수 있는 과학적 설정은 마치 실제 로봇을 설계한 것처럼 세세하다. 건담의 머리에만 해도 Experimental sensor와 눈 역할을 하는 Sub camera, 턱에 달린 센서인 Mask unit 등이 있고 목은 직각으로 뒤로 젖혀 위를 바로 보는 것이 가능하게 설계되었다고 한다. 물론 어디까지나 설정일 뿐이지만 말이다.

강철의 육중한 몸체로 날고 뛰는 날쌘돌이 건담의 비밀은 사람과 같은 관절과 발목, 기계적 가스 압력관까지 지닌 다리구조에 있었다. 다리 내부에는 건담 내부의 노즐로부터 나오는 가스를 모아두는 공간이 있어 그 압력을 점프시에 사용할 수 있는데, 이렇게 가스를 담아두는 공간은 종아리와 발목에도 있다고 한다. 건담의 점프실력은 중국무술의 수련을 통해서가 아닌 작용 반작용의 뉴턴 제3법칙을 응용한 가스 분출압 이용에 있었던 것이다. 가스가 종아리며 발목, 무릎에서 땅을 향해 빠르게 분출될수록 지면을 미는 힘이 커지는데, 이에 대한 반작용으로 건담은 지면과

1 반다이 뮤지엄 입구.
2 건담박물관 입구부터 심상치가 않다.

건담의 머리를 실제 크기의 모형으로 만들어 전시하고 있다. 머지않아 건담이 하늘을 날아다니지 않을까.

반대방향으로 점프할 수 있게 된다.

그밖에 건담이 사용하는 무기에 대한 설정 등 건담에 입혀진 과학을 알아가는 관람은 과학에 재밌게 다가갈 수 있는 기회를 주고 있었다. 그러니 반다이 뮤지엄을 백배 즐기려면 단순한 관람이 아닌 건담이 왜 건담인가를 과학적으로 이해하려는 진지함이 필요하다. 엑스파일이 눈앞에 있다 한들 머리가 아닌 눈으로만 본다면 무슨 소용이 있겠냐 말이다. 또 하나 중요한 포인트는 관람시에 건담의 세세한 설정을 넘어서는 과학적 상상력을 발휘해야 한다는 것이다. 전시된 안내글 속에서 이런 문구를 종종 볼 수 있으니 말이다. "이 박물관에서 현재도 이 무기들을 분석하고 있지만 여전히 많은 부분들이 베일에 싸여 있다."

건담 인기의 비결은 거대 로봇의 막강한 힘에 있었다. 그런데 건담이 뿜어내는 힘에 대한 동경은 과학과 연결고리를 갖는 것이다. 기계가 갖는 힘의 원동력이 과학기술이기 때문이다. 건담 신체 각 부위와 무기, 전술에 입혀진 설정은 그를 일본 애니매이션 역사의 핵심 캐릭터로 무장시

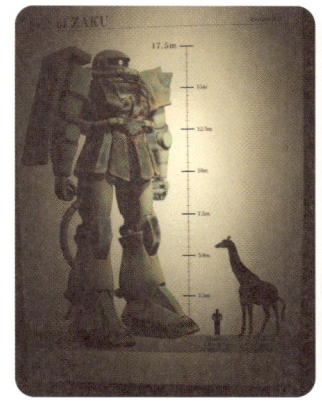

건담의 크기, 무게, 그리고 최고 속도를 비교 한 표.

컸다. 여기서 건담은 과학강국의 애니메이션 캐릭터로서 중요한 의미가 있다. 좋아하는 만화 속 로봇에 녹아 있는 세세한 과학적 설정이 과학에의 친숙성으로까지 이어질 수 있었기 때문이다. 일본인들에게 건담은 잊혀지지 않는 추억의 용사이자 시나브로 과학에 친근하게 다가서게 한 매개체였던 것이다.

건담의 보여지는 힘과 보이지 않는 힘을 모두 볼 수 있었던 반다이 뮤지엄을 뒤로하고 다음 목적지로 향하는 길은 수십 년 전 과거의 것 같았다. 두 시간이 넘게 22세기 미래에서 수많은 첨단의 건담들을 만나고 나오는 길이었으니 말이다. 미래에서 과거로 뚝 떨어진 기분은 현재에서 불쑥 미래로 날아 들어갔을 때의 기분만큼 묘한 것이었다. 과거의 느낌이 물씬 풍기는 2004년의 거리에서 발걸음을 재촉하며 시계를 보았을 때 시계 바늘은 오후 12시 10분을 가리키고 있었다.

미래의 세계에서는 로봇의 전투가 일어나지 않을까? 전쟁의 참상은 없었으면 좋으련만…….

테크놀로지의 미학, 사이보그

아톰에서 시작해서 건담으로 이어졌던 일본 과학만화는 다시 공각기동대로 이어진다. 아톰 그 후 40여 년. 오시이 마모루 감독의 〈공각기동대〉에서 기계와 더 이상 이분화된 존재가 아닌 내가 곧 기계이며 기계가 곧 나로 정의되는 사이보그가 등장한다. 기술의 발달은 로봇을 만들어냈고 새로운 첨단기술은 로봇에 특수한 기능을 부여했다. 기술은 한걸음 더 진보해 생물과 무생물이 결합된 자기 조절 유기체인 사이보그를 탄생시킨 것이다. 사이보그는 인간과 기계가 조합된 최상의 뇌와 초감각 능력, 뛰어난 의사소통능력을 지니므로 진화된 인류의 모습이라고 할 수 있다. 일본 S.F. 애니메이션의 스토리와 주제도 기술발달의 속도에 맞춰 진화하였다. 기계와 한 몸이 된 인간의 정체성에 대한 고민, 컴퓨터와 뇌가 연결된 네트워크 속에서만 의미를 갖게 된 인간의 자기소외감에 대한 문제의식이 그들 만화에서 드러나고 있기 때문이다.

공각기동대류의 애니매이션에서 사이보그가 등장하는 미래사회의 모습은 그리 막연한 설정이 아니다. 1998년과 2002년 두 차례에 걸쳐 스스로 사이보그가 되는 수술을 감행했던 과학자도 있으니 말이다. 영국 레딩 대학교 인공두뇌학과 교수인 케빈 워릭은 미세 전극배열을 피부 속 신경계에 이식시켜 생각만으로 컴퓨터에 접속하고 말 없이도 같은 칩을 이식받은 아내와 의사소통을 하는 실험에 성공하였다. 생각만으로 가스렌지의 불을 켜고 전등을 컨다니, 얼마나 신나는 일인가! 사이보그로 업그레이드되면 우리는 중앙 컴퓨터에 수시로 접속할 수 있게 된다. 컴퓨터와 한 몸이 된다 함은 수백 가지 차원에서 정보를 빠르고 정확하게 처리할 수 있게 된다는 것을 의미한다.

　사이보그. 기계가 가진 차가운 금속의 이미지만큼이나 정감이 안 가는 단어이긴 하다. 그러나 사이보그 덕으로 세상과 소통하게 된 사람들도 있다. 사이보그는 먼저 기능의 업그레이드가 아닌 장애를 가진 사람들의 손과 발이 되도록 응용되었다. 신경과학자들은 전신마비 장애인들의 뇌에 전파를 탐지하는 장치를 삽입했다. 장애가 있는 사람이 불을 켜고 싶다는 생각을 하면 그때 나오는 뇌파가 삽입된 센서에 탐지되고 외부 컴퓨터에 연결된 센서는 신호를 보내어 조명장치의 전원을 켜게 된다. 몸 안에 기계가 삽입된 이 장애인은 사이보그이다. 사이보그는 지구를 위협한다거나 인간에 대한 정의에 혼란을 가져오는 등의 부정적 존재가 아니다. 기술은 사람을 향한다고 하지 않던가. 신경과학 분야에서 응용된 사이보그는 많은 사람들에게 세상으로의 통로를 열어줄 것이다.

　사이보그를 둘러싼 여러 윤리적 문제가 쟁점이 되고 있긴 하지만 미래 사회에서 사이보그가 되기를 거부하는 것은 열등한 인류종으로 퇴보한다는 것을 의미한다고 할 수 있다. 그때를 케빈 워릭은 2050년이라고 내다보았다. 공각기동대는 그리 멀지 않은 우리의 미래를 비추고 있다. 이제

과학이 더 높은 차원으로 진보하여 사이보그가 활개할 세상에 대한 준비를 하는 것이 공각기동대의 관객이었던 내가, 우리가 해야 할 일이다.

만화강국, 과학강국

여행의 마지막 일정은 히로시마 현대 미술관이었다. 나즈막한 산을 에스컬레이터로 올라 오솔길을 걸어가다 보면 미술관 건물이 나온다. 외부와 내부 모두에서 세련된 멋이 풍겨지는 그곳에 때마침 애니메이션 특별 전시전이 열리고 있었다. 작가의 권리보호 차원에서 사진촬영이 철저히 금지된 전시관엔 만화 제작 초기에 그려진 그림들이 걸려 있었고 당시 곧 개봉을 앞둔 〈공각기동대〉의 후속작 〈이노센스〉의 예고편과 최신 건담시리즈 등을 상영하고 있어 일본 애니메이션의 현재를 볼 수 있었다. 특별전이라는 이름으로 진행되고 있던 애니메이션 전시는 고급화된 일본 만화의 당당한 위상을 그대로 보여주었다.

:: 히로시마 현대미술관에 전시되어 있는 애니메이션 모델과 멀리서 보이는 포스트.

히로시마 현대 미술과 지하 특별전에 걸려 있던 대부분의 만화에서 발견할 수 있었던 것 역시 과학의 코드였다. 일본 만화의 핵심 소재인 로봇물에서부터 미래공상사회를 다룬 작품들까지 상상력의 배후엔 과학이 버티고 있었던 것이다. 만화야말로 과학이 대중과 만남을 가질 수 있는 가장 친숙한 통로가 아닐까. 지금의 과학강국 일본이 있기까지 일본인들과 동행해 온 S.F.만화의 힘을 가볍게 볼 순 없을 것 같다.

만화백화점 만다라케에서 보았던 열도의 만화사랑은 데즈카 오사무 박물관, 건담 박물관, 히로시마 미술관을 둘러보면서 더욱 확실하게 느낄 수 있었다. 그 속에서 내가 본 것은 전시된 작품뿐만이 아니라 인간 상상력의 무한한 에너지였다. 아톰과 건담을 탄생시킨 건 덴마 박사도 미노프스키 박사도 아닌 인간의 상상력이었기 때문이다. 과학적 상상력, 그것은 일본 애니메이션을 이끈 일등공신인 것이다. 저패니메이션은 늘 상상을 하며 살아가는 우리들에게 그것을 업그레이드시켜보라고 이야기하고 있었다. 로맨틱하고 허황된 것만이 아닌 우리의 미래를 살찌울 과학적 상상을 해보자고 말이다.

데즈카 오사무 박물관 www.city.takarazuka.hyogo.jp/Tezuka/

+ 주소   효고현 다카라즈카시 무코가와초 7-65 데즈카 오사무 기념관(兵庫県宝塚市武庫川町7-65)
+ 교통   JR 다카라즈카 역에서 도보 8분
+ 전화   0797-81-2970
+ 개관   오전 9시 30분 ~ 오후 5시
+ 휴관   매주 수요일(축일과 겹치는 날, 8월 중 수요일은 개관), 연말연시(12월 29일~12월 31일)

신주쿠의 만다라케 www.mandarake.co.jp
데즈카 오사무 월드 www.tezuka.co.jp/
반다이 뮤지엄(건담박물관) http://asobiba.jp/asobiba/contents/asobiba112_gundam.htm
히로시마 현대 미술관 http://www.hcmca.cf.city.hiroshima.jp/web/index.html

04

일본 밥상에서
과학을 맛보다

여행의 참맛은 뭐니뭐니 해도 색다른 맛을 혀로 체험하는 데 있다. 특히나 해외여행에서는 말이다. 그 나라만의 음식문화를 직접 접하는 기회는 여행의 백미라 할 수 있다. 물론 일본 음식의 경우 우리나라에 대부분 소개되어 있고 일본 음식점도 전국적으로 퍼져 있어 많이 새로울 게 없긴 하다. 그러나 본토 음식점에서 본토 주방장이 내어주는 오리지날 저팬 요리를 먹는 데에는 분명 새로운 맛이 있었다. 일단 물맛, 손맛이 다르며 재료를 키워낸 흙도 다르지 않던가.

열도의 밥상 하나하나 뜯어보기

"이랏샤이마세.~" 단정한 유니폼을 입은 식당 종업원이 바다건너 타국에서 온 우리를 반갑게 맞았다. 왠지 묘하고 특별한 요리가 나올 것 같은

가장 대중적이면서 일반인들이 쉽게 먹는 돈가스 종류.

음식점, 그러나 차려진 음식은 우리의 밥상과 크게 다를 것이 없었다. 일본요리는 한국과 마찬가지로 쌀이 주식이고 부식으로 생선과, 채소, 콩 등을 곁들여 먹는 기본 유형을 가지고 있으니 말이다. 우리와 기본적으로 다른 점이 있다면 젓가락만을 사용하여 먹는다는 것.

일본은 습한 나라여서 그 땅에서 재배된 쌀은 수분함량이 높다고 한다. 일본쌀이 맛있다고 하는 이유도 바로 여기에 있는데 수분함량이 높은 쌀로 지은 밥은 부드럽고 윤기가 자르르 흘러서 빛깔도 좋다. 수분을 많이 머금은 만큼 찰기가 있어서 굳이 숟가락을 사용하지 않아도 밥알을 떨어뜨리지 않고 젓가락으로 떠먹을 수 있다. 미지근한 국은 한 손으로 들기 편한 오목한 그릇에 담아 후루룩 마시면 그만이니 그들의 밥상에서 숟가락은 굳이 필요하지 않은 것 같다.

여행 중에 밥먹을 때가 되어 식당에서 메뉴를 고르다보면 생선으로 요

1 회전초밥이 아닌 시장과 같은 음식점에서 파는 서민적인 초밥 형태.
2, 3, 4 도쿄의 긴자 거리에 있는 약간은 고급스러운 일식집 메뉴들.

  리한 음식이 매우 많은 걸 볼 수 있었다. 생선초밥과 장어요리는 말할 것도 없고 생선과는 사돈의 팔촌보다 거리가 있어 보이는 우동이나 라면에까지 생선튀김이 얹어 나오는 경우가 많다. 역시 섬나라다운 밥상이다. 일본요리 또 하나의 큰 특징은 이렇게 수산물의 비중이 매우 크다는 것이다. 오랫동안 육식을 기피했던 역사적 배경도 한몫했지만 섬나라이고 난류와 한류가 동해 쪽과 일본해에서 합류, 세계적인 어장을 형성하다보니 사시미와 생선초밥 같은 요리를 일본 고유의 음식으로 발전시킬 수 있었다.

  육식을 금지했던 기간이 길었던 시기는 일본 음식문화에 여러 가지 특징을 만들어낸 듯하다. 우선 단백질의 다른 공급원으로 콩이 소비의 중심이 되면서 콩을 중심으로 한 독특한 문화가 정착되었다는 것이 그 첫 번째이다. 일본된장인 미소와, 일본간장, 밥에 곁들여 먹는 낫토, 두부에 이르기까지 한국의 장들과 비슷하면서도 맛의 차이가 뚜렷한 것들이다. 미소로 요리한 음식은 자극적이지 않으면서 구수한 것이 우리의 된장보다 단맛이 강하고 냄새가 적어 부담 없이 먹을 수 있었다. 낫토는 유산균이 풍부해 장 건강에 좋아서 일본인들이 즐겨 먹는 식품이다. 그러나 낫토의 경우 아무리 웰빙이라지만 개인적으로 두 번 젓가락이 가지 않는 음식이었다. 아침식사 때 옆테이블에 앉은 사람들이 맛있게 먹길래 호기심에 한번 집어먹어 보았다. 결과는…… 호기심마저 원망스러운 순간이었다.

고기에 두꺼운 튀김옷을 입혀 썰어먹는 돈가스는 오랜 기간 육식을 하지 않아 생긴 육식 공포증을 해결하기 위해서 발명된 음식이란다. 굳이 까탈스럽게 튀김옷을 벗겨내지 않는다면 육질을 보지 않고도 먹을 수 있는 고기요리가 바로 돈가스인 것이다. 아니 웬 육식공포증이냐고? 돈가스를 만들면서까지 고기에 대한 불안감을 누그러뜨려야 했던 데에는 그만한 속사정이 있다. 일본에서는 약 100여 년 전인 메이지 시대에 이르러서야 육류를 공개적으로 먹기 시작했다고 한다. 주 종교였던 불교의 영향으로 서기 687년에 가축의 살생 및 육식의 금지령이 내려졌던 것이다. 일본인들이 채식을 주로 하게 된 원인은 불교의 영향 말고도 강우량이 많아 목축업이 제대로 발달하지 못한 까닭에 쉽게 고기를 구할 수 없었던 데에도 있을 것 같긴 하지만 말이다. 여하튼 강산이 100번도 넘게 바뀌었을 천 년이 넘는 시간 동안 먹을 것에서 제외되었던 것이니 낯선 식재료에 대해 느꼈을 공포가 어느 정도 이해가 된다. 거기에다 일본에선 흔하지 않아 귀하기만한 것이 고기였으니 그것이 알고 보면 튀김옷이 반일지언정 두툼한 고기요리 돈가스는 제법 이유 있어 보인다.

밥상 위의 명품, 고시히카리

일본엔 도시락 전문점이 참 많이 있다. 지하철 역 주변 상가나 식당가, 신칸센에 오르기 전 플랫폼에도 다양한 종류의 벤토(도시락의 일본 명칭)를 파는 가게를 쉽게 찾아볼 수 있었다. 편의점에서도 도시락 코너가 잘 발달되어 있어 간단한 식사를 원할 때 이용하기 편리하다. 그런데 일본에서 파는 도시락은 가격이 만만치가 않다. 웬만큼 먹음직스런 보통 도시락이 8천 엔에서 만 엔 사이였다. 보통 식사 때 드는 비용과 크게 차이가 나지 않을 수밖에 없는 것이 그 속에 오밀조밀 종류도 다양한 반찬이 풍성하게 담겨 있기 때문이다. 도시락을 먹을 때면 밥을 오물거리면서 어떤 반찬을 집어야 할지 살피느라 두 눈이 바빠진다.

　일본 도시락이 맛있을 수 있는 가장 큰 이유는 다름 아닌 밥 속에 있는지도 모르겠다. 아무리 맛있는 반찬이 가득 담긴 도시락이라고 해도 딱딱하게 냉장고 온도만큼 식어버린 찬밥과 먹어야 한다면 손이 잘 가지 않을 것이다. 그런데 일본에는 식은 밥도 찰지게 해주는 명품 쌀이 있어서 도시락과 초밥이 제 맛을 낼 수 있다고 한다. 1999년 쌀시장을 완전히 개방했음에도 일본인은 자국에서 생산된 쌀만 고집하고 있단다. 철저한 품종 연구와 수확 후 판매까지의 빈틈없는 관리가 명품쌀을 만들어냈기 때문이다.

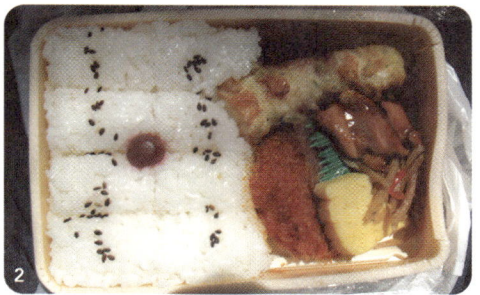

1, 2 하코네 온천으로 향하는 기차역에서 파는 돈가스.
3 어머니와 함께 고메갤러리를 방문하고 나오는 꼬마. 긴자에 있는 고메갤러리는 일본의 쌀 소비 촉진을 위해 만든 홍보관이라고 볼 수 있다. 일본 전역의 쌀 산지와 품종 그리고 영양적인 측면까지 생각해 홍보를 하고 있으며, 쌀을 원료로 하는 거의 대부분의 제품을 한눈에 보고 직접 구입할 수 있다.

    벼의 재배과정에서만 보면 비료 사용량에 있어서 일본은 우리와 큰 차이를 보이고 있다. 질소질 비료를 많이 쓰면 벼의 생장을 촉진시켜 수확량은 늘릴 수 있지만 쌀에 단백질 함량이 높아져 그 맛이 떨어진다고 한다. 그런데 일본 토양에 유기물 함량이 많다고는 하지만 그들이 사용하는 질소질 비료의 양을 따져보면 높은 가격에 판매되는 니카타 산 고시히카리의 경우 10a당 2kg 정도로, 우리가 사용하는 것의 반밖에 되지 않는다. 도정공장에서는 철저한 위생관리와 불완전한 쌀 제거 등 철저한 품질관리가 이루어진다. 수분함량이 적고 성글지 못한 쌀알은 색채선별기 같은 기계에 의해 밥상과의 만남을 철저히 봉쇄당하는 것이다. 유통과정에서도 여러 품종이 섞여 판매되지 않도록 관리가 이루어지고 그렇게 일본쌀은 수입쌀에 밀리지 않는 절대 강자로 살아남았다. 식은 밥이 재료

 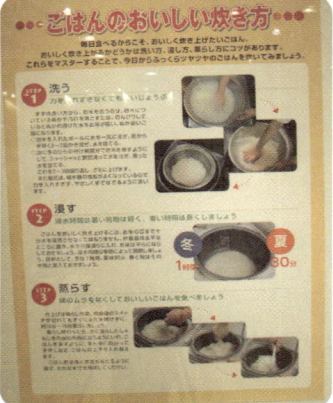

쌀이 재배되는 과정에서부터 쌀의 종류, 그리고 쌀로 밥을 하는 방법까지 모두 이곳에 나와 있다. 또한, 어릴 때부터 어린이들이 쌀에 대한 이해를 잘 할 수 있도록 컴퓨터와 자체 제작한 방송으로 교육도 하고 있다.

가 되는 음식이 많았던 일본의 식문화는 고품질의 쌀 개발을 부추겼고 명품이 된 쌀은 밥상의 주인답게 그들의 식탁을 빛내고 있었다.

당신은 어느 라면을 선택하시겠습니까?

오전 10시 30분. 개장시간인 11시보다 30분이나 일찍 도착한 그곳엔 벌써 스무 명 남짓한 사람들이 무더운 날씨 속에 줄지어 서 있었다. 개장시간이 점점 가까워질수록 모여드는 사람들…… 놀라운 광경이 아닐 수 없었다. 그들이 기다리는 것은 흥행영화도, 유명 연예인도 아닌 라면이었기 때문이다. 우리한테는 밥을 먹기 어려운 상황이나 만사가 귀찮을 때, 혹은 출출할 때 간식으로 먹는 것일 뿐이건만. 일본에서는 라면이 엄청난 사랑을 받으며 주식으로 당당히 대접받고 있었다. 일본 라면의 모든 것을 보여주는 전시품과 전국 각지에서 엄선한 라면 맛집이 모여 있는 요코하마 라면박물관에서 어느 연예인 부럽지 않은 인기를 누리는 그들의 라면을 만날 수 있었다.

드디어 11시. 라면박물관의 문이 열리고 사람들의 걸음이 빨라지기 시작했다. 사람들을 따라 내려간 지하는 별천지였다. 영화의 세트장을 옮겨놓은 듯한 그곳은 50년쯤 전의 일본거리에 와 있는 인상을 주었다. 어둑어둑한 조명 아래 낡은 간판과 좁은 골목길. 그 속에 맛있기로 소문난 라면가게가 옹기종기 자리하고 있었다. 등 뒤로 밀려들어 오는 사람들 때문에 쫓기듯 선택한 라면집은 가이류유였다. 입구에서 나누어준 팸플릿에 진한 국물맛이 특징이라고 자랑한 이 라면집에서는 국물의 재료로 돼지의 머리뼈와 등쪽 지방만을 사용한단다. 24시간 정성을 다하여 고아

요코하마의 라면박물관은 문을 열기 1시간 전부터 치열한 줄서기를 해야 한다.

낸 국물은 이전까지 맛보았던 라면국물이 아니었다. 깊은 국물맛과 꼬들한 면발이 일품이었던 그 집 라면으로 조금 이른 점심을 먹고 나니 두둑하게 배가 부른 것이 이전까지 라면을 먹고 나면 으레 따라왔던 궁색함은 전혀 느낄 수 없었다. 일본 여행의 참맛이 한 그릇의 라면 속에 있었다.

오묘한 분위기 속에 골목 구석구석 군것질거리를 파는 구멍가게와 낡은 전화기 등 볼거리가 가득했던 지하에서 올라오면 라면박물관을 들어올 때 열심히 뛰느라 스쳐지나갔던 라면 관련 전시물들이 있다. 라면요리에 사용하는 기구부터 라면이 1871년 중국에서 일본으로 들어오게 된 경로와 일본 지역마다 구불거리기와 길이를 달리하는 면발 등 박물관이라는 이름에 어울리는 내용 있는 전시품들을 볼 수 있다. 무엇보다 흥미로웠던 사실은, 현재 매년 50억 개가 넘는 봉지라면과 컵라면이 자국 내에서 생산되고 있고 라면 브랜드만 해도 500개가 넘는다는 것이다. 원래는 상류층만의 음식이었던 라면이 대중화되고 지금의 자리에 있게 된 데에는 1958년 인스턴트 라면의 개발이 큰 몫을 했다. 그리고 이러한 인스

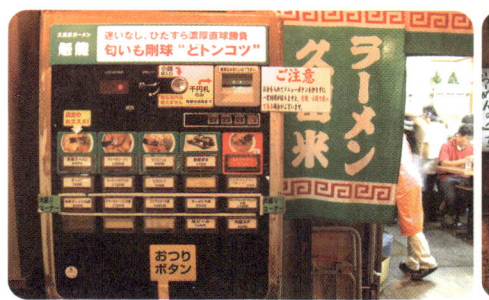

라면을 먹기 위해 약간은 지루할 정도로 줄을 서서 자판기에서 식권을 구입해야 한다.

턴트 라면의 개발은 맛과 시간을 밀봉한 과학의 마술에 의한 것이었다.

1958년 '안도우 시로후쿠'라는 사람이 술집에서 튀김요리과정을 유심히 관찰하던 중 생각해냈다고 하는 인스턴트 라면제조법은 이런 것이다. 밀가루를 국수로 만들어 튀기면 면이 익으면서 그 속에 있던 수분은 증발하게 된다. 이 과정에서 수분함량이 5-8퍼센트로 줄어든 면에는 미생물이 번식할 수 없게 되므로 따로 방부제가 필요 없다. 게다가 고온이라 살균까지 되니 일석이조다. 가닥 사이사이에 구멍이 생긴 채 튀겨진 면발을 그대로 건조시켰다가 필요할 때 물에 끓이면 구멍사이로 물이 들어가 원래 상태로 풀어진다. 저장성이 높아 비상식량으로도 가치 있고 조리가 간편하면서 맛도 뒤지지 않는 인스턴트 라면은 그렇게 한 사람의 예리한 눈빛에서 탄생한 것이었다.

알고 먹으면 더 맛있는 라면

출출한 배를 채우기 위해 밥 한 그릇 든든히 먹어야겠다는 다짐으로 식당

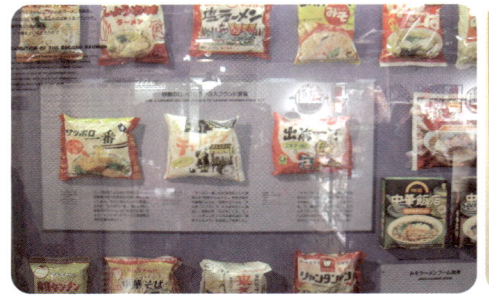 

봉지면과 컵라면의 시대적 변천사라고나 할까. 하여튼 라면의 종류는 내가 생각한 것 이상으로 많았다.

에 들어섰건만 우리의 선택은 종종 부실하고 궁색해 보이기까지 한 라면이다. 꼬불꼬불한 면과 그 사이사이를 메우는 빨간 국물의 유혹이란! 인스턴트 식품들이 천대받는 웰빙의 시대라지만 인간의 원초적 본능인 식욕을 꺾기란 쉽지가 않다. 그런데 화학조미료의 인공맛을 후루룩 음미하면서 라면은 왜 다 노란색이며 꼬불꼬불한지 생각해본 적이 있는지?

라면의 면발이 노란색인 이유는 그의 재료인 소맥분이 가진 후라보노이드 색소와 영양 강화를 위해 첨가한 비타민 B2 때문이다. 식욕을 돋우기 위해 노란 염료를 사용한 것이 아니니 일단 안심하자. 또 인스턴트 라면이 꼬불꼬불한 것은 직선보다 곡선 상태일 때 공간을 더 효율적으로 사용할 수 있기 때문이다. 한 손바닥으로도 전면이 감싸지는 자그만 봉지 안에 많은 양의 면발을 채워 넣기 위해 라면은 둘리 친구 마이콜의 모발형이 된 것이다. 또한 라면을 튀길 때 빠른 시간에 많은 기름을 흡수하기 위해선 수분증발을 도울 수 있는 공간이 필요한데 이를 위해선 곡선형 면발이 제격이다. 게다가 꼬불꼬불한 면이 시각뿐 아니라 미각적으로도 가치가 있다고 하니 일석 사조가 아닌가.

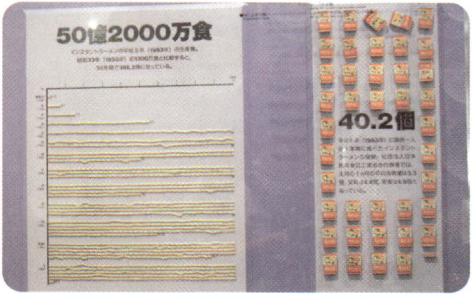

라면이 51미터나 된다고 생각해본 적이 있나요. 오늘부터 라면을 끓이면서 그 길이를 재보면 어떨까요?

굳이 귀차니즘의 대가가 아니더라도 시간이 없거나 여건이 안 될 경우 때로 컵라면은 구세주가 된다. 냄비에 물을 담아 끓이고 면이 익을 때까지 시간을 기다리면 냄비 가득 먹음직스런 라면이 완성되지만 기분 좋은 복부의 충만감 뒤에는 반갑지 않은 설거지감이 기다리고 있다. 그러나 우리의 구세주 컵라면은 모든 것이 3분 만에 해결된다. 그런데 문제는 맛에 있다. 컵라면은 뭔가 2.99퍼센트 부족하다. 몸은 귀차니즘에 젖어가도 미각은 날카롭게 예민해지는 우리에겐 이 경미한 차이도 딱 걸리고 만다. 제조공정은 큰 차이가 없지만 컵라면의 면발은 봉지면에 비해 가늘고 반죽 자체에 양념이 되어 있다. 성분상에도 차이가 있다. 용기용 면의 주성분은 전분인데 이는 밀가루보다 빨리 익는 특성을 갖고 있다. 감자에 들어 있는 수분과 이물질을 제거해 만든 전분은 컵라면을 먹고 난 후

소화불량을 호소하는 원인이 되기도 하지만 말이다.

  우리는 종종 친구나 동료, 낯선 사람들 중에서 전날 밤 라면을 먹고 잤으리라 추측되는 얼굴들을 발견한다. 밤에 라면을 먹으면 다음날 얼굴이 붓는다는 사실은 깊은 밤 때때로 찾아오는 라면의 유혹을 억누르는 많은 사람들에게 정설로 받아들여지고 있다. 그러나 사실 라면은 죄가 없다. 짜고 매워서 얼큰한 맛을 찾는 소비자의 입맛에 맞춰 만들어진 라면에는 소금이 듬뿍 들어가 있다. 늦은 시각에 라면을 먹으면 스프의 짠맛을 중화시키려 벌컥벌컥 들이킨 물을 다 배출하지 못하고 잠자리에 들기 때문에 얼굴이 붓는 것이다.

  간단한 라면이건 풀코스 정식이건 소화되기 알맞은 시간에 적당량 먹는 것이 제대로 먹는 것이다. 음식은 건강하게 먹어야 제 맛을 알 수 있는 법이니 말이다. 그리고 또 하나, 단순해 보이는 라면도 그가 왜 그런 모습의 라면인지를 알고 먹으면 훨씬 더 맛있게 즐길 수 있을 것이다.

입안을 맴도는 여행의 기억

자판기의 나라라고 할 만큼 거리 곳곳은 물론 박물관 입장권까지 자동판매기로 구입했던 일본에서 우리 일행이 들렀던 식당 중에는 식권을 자동판매기로 구입해 음식을 주문을 해야 하는 곳도 여럿 있었다. 가타카나에 익숙하지 않아서 먹고 싶은 음식을 제대로 선택하는 데 애를 먹기도 했지만 주방장에게 직접 식권을 내미는 재미는 나름대로 쏠쏠한 것이었다. 음식을 주문하는 방식이며 식재료의 원산지와 조리법도 다른 일본에서 맛본 음식은 이전에 한국에서 맛보았던 일식과 분명 다른 것이었다.

박물관까지 차려진 라면의 인기를 눈으로 보고 난 후의 일본 라면맛, 신칸센 안에서 입으로 반, 눈으로 반 먹은 짜임새 좋은 도시락과 선술집에서의 꼬치구이 등 그들의 문화 속에서 자연스럽게 체험할 수 있었던 음식 이야기는 고된 여정 속에서 홀로 호강을 누렸던 혀의 기억으로 오래도록 남을 것 같다. 일본 사람들 속에서 그들의 음식문화를 함께 공유해 보았던 경험은 그 곳에서가 아니면 절대 맛볼 수 없는 특별하고 재밌는 맛으로 기억될 것이다. 찰진 쌀과 젓가락, 미소된장국, 생선과 채소 반찬, 돈가스와 라면에서 잘 차려진 일본의 문화와 과학을 맛보았던 일본에서의 밥상은 매우 푸짐했다.

신요코하마 라면 박물관 www.raumen.co.jp

- 주소 가나가와현 요코하마시 고호쿠구 신요코하마2-14-21(神奈川県浜市港北区新横浜2-14-21)
- 교통 신요코하마 역에서 도보 5분
- 전화 045-471-0503
- 개관 오전 11시~ 오후 11시
- 휴관 연말

긴자 고메갤러리 www.gohanmuseum.com/index.html

05

그때
그 할아버지를 찾아서

: 히로시마 평화기념공원

그때 히로시마에는 무슨 일이 있었나.

'원자폭탄이 떨어졌을 때 나는 태어나지도 않았지.

할아버지가 히로시마에 살고 계셨다네……'

어릴 적에 보았던 드라마에서 통기타를 맨 주인공이 모금함을 앞에 두고 불렀던 노래이다. 드라마의 제목도 노래를 불렀던 배우의 얼굴도 기억나지 않는 아주 어릴 적이었는데도 나는 이 노래를 생생하게 기억하고 있다. 히로시마에 살고 계셨던 그 할아버지는 어떻게 되었을까. 이 비극적인 물음이 가슴 속에서 풀리지 못한 채 계속 떠오른다.

오래된 물음에 답을 찾으러 오사카에서 히로시마로 가는 길. 한 시간 반이 걸렸던 신칸센의 창 밖으로는 낮은 산으로 둘러싸인 작은 도시가 펼쳐졌다. 기세등등한 고층 건물 하나 없이 연회색 비둘기 빛의 2층 주택들로만 채워진 시골 도시는 화창한 여름 날씨 속에서 한없이 평화로워 보였

히로시마 성에서 내려다본 히로시마 시내 전경은 평화롭고 조용해 보였다.

다. 비둘기처럼 다정한 보통 사람들이 살았을 것 같은 이 작은 도시에 1945년 8월 6일 무슨 일이 있었던 것일까.

원폭돔은 말한다

도쿄나 오사카에서는 찾아볼 수 없었던 전차가 도시를 활주하는 히로시마에서 우리의 첫 목적지는 평화기념공원이었다. 히로시마 평화기념공원으로 가는 길의 잘 정돈된 도로와 깔끔한 도시 외관에서는 예전의 참혹한 비극을 전혀 찾아볼 수 없었다. 그렇게 시간은 폐허가 되었던 도시의 상처를 아물게 해주는 듯했다. 그러나 평화기념공원에 다다랐을 때, 원자폭탄이 투하되었던 하늘 아래 있었던 원폭돔의 처참한 몰골이 가슴을 무겁게 짓눌렀다. 제법 튼튼하고 견고했을 건물이 반쯤 무너져내리고 불

1, 2 앙상한 철골은 아픈 기억을 상징하는 듯 파란 하늘과 대조를 이루고 있다. 원래 지붕의 돔은 녹색이었다고 한다.
3 원폭 돔 뒤편에 현대식 건물이 앙상한 원폭 돔과는 다른 모습을 하고 있다.

에 타 그을리고 철근이 드러낸 채 그 자리에 애처롭게 서 있었다. 이 도시에 살았던 사람들은 원폭돔보다 더 비참한 모습의 최후를 맞이했을 것이다. 좀 더 가까이 다가가 원폭돔 바로 앞에 서는 순간 모든 것이 정지하는 듯했다. 일행은 모두 말을 잃었고 초록의 풀이 아무렇지 않게 자라 있는 잔디 위에 조용히 멈춰섰다. 그곳에서 원폭돔과 함께 멈춰진 시간을 보았고 60여 년 전 이 도시를 뒤흔들었던 공포를 보았다. 누가 무슨 권리로 이 도시에 죽음과 공포를 내리게 했단 말인가. 평화라는 이름이 붙은 공원의 초입을 지키는 원폭돔은 말한다. 그럴 수 있는 권리는 그 누구에게도 없다고.

히로시마 평화기념 자료관에 들어섰을 때 가장 먼저 눈이 띈 것은 8시 15분에 멈춰져 있는 낡은 시계였다. 가주오 니카와라는 사람으로부터 기

1 히로시마 평화기념 자료관.
2 평화기념관 앞 추모대 앞으로 원폭 돔이 보인다. 방문객이 추모대에서 간절히 평화를 기원하고 있는 듯하다.

증받은 이 주머니 시계는 1945년 8월 6일 오전 8시 15분에 평화가 멈춰버린 히로시마의 역사를 증언하고 있었다. 시계의 바늘이 다시 움직일 수 없는 것처럼 이 땅에 내렸던 파괴와 잔인함은 결코 되돌릴 수도 완전히 치유할 수도 없는 상처로 남을 것이다.

우울한 음색의 배경음악이 비극성을 강조해주는 기념관 1층에는 원폭을 맞기 전과 후 도시의 모형이 비교 전시되어 있다. 멀쩡했던 도시 전체가 한순간에 잿더미로 변해버린 모습이 한눈에 들어왔다. 폐허가 된 도시의 모습에서 어떠한 생명도 느껴지지 않았다. 풀 한 포기도 살아남아 있을 것 같지 않은 히로시마는 죽음 자체였다. 실로 엄청난 파괴력이었다. 평화가 멈춰버린 그날. 히로시마 상공 580미터에서 폭파되어 직경 5킬로미터의 구름을 만들며 도시를 죽음으로 몰고 갔던 원자폭탄을 누가 왜 만들었을까.

원자폭탄의 개발, 판도라의 상자가 열리다

20세기 초반. 원자폭탄은 1930년대 유럽과 미국 물리학자들의 실험실에서 비극적 탄생을 맞았다. 그 당시는 미국을 비롯한 세계 각국에서 강력한 폭발물을 제작하기 위한 노력을 펼치던 때였다. 자연계 원소의 원자 구조 변형을 시도하면서 중성자 다발로 충격을 가하면 핵이 분열되면서 엄청난 에너지가 얻어지는 원리로 말이다. 원자에 여분의 중성자를 투입하면 핵은 진동하기 시작하고 그 진동은 핵을 유지하던 강한 힘이 더 이상 버티지 못하게 될 만큼 점점 격렬해진다. 그러면 원자 핵 내부의 전하가 파편들을 빠른 속도로 흩어지게 하고 핵폭발이 일어나게 된다.

그 후 미국 내 핵물리학자들은 우라늄 동소체나 플루토늄에서 거대한 폭발력을 얻을 수 있다는 사실을 알아냈다. 미국은 독일보다 먼저 이 엄청난 위력을 가진 폭탄을 개발해내기 위해 3년간 20억 달러 이상의 예산과 60만 명의 인력이 투입된 맨해튼 프로젝트를 추진한다. 20억 달러는 우리나라 돈으로 2조 2천억 원에 달하고, 60만 명은 2005년에 대학수학능력시험에 응시한 수험생 수보다 만 명이 모자라는 수이니 맨해튼 프로젝트의 규모가 실로 어마어마했음을 짐작할 수 있다. 20세기 최고의 물리학자 아인슈타인은 루스벨트 대통령에게 보내는 독일의 핵무기 개발 위험성에 대한 경고 서한에 사인을 했는데, 그것이 크나큰 실수가 될 것을 알지 못한 채 미국의 핵무기 개발을 부추기기도 했다. 그도 아마 그때까지는 원자폭탄이 몰고 올 무고한 사람들의 죽음과 희생을 예견하지 못했던 것 같다.

원자폭탄은 적에게 최대의 충격이 가해지도록 경고 없이, 건물로 둘러

1, 2 평화롭던 히로시마의 원폭투하 전 모습과 폐허로 변해버린 원폭투하 후 모습.
3 히로시마 원폭의 상황을 실제로 찍은 사진을 안타까운 심정으로 관람객이 보고 있다.

싸여 있거나 부근에 군사시설 또는 군수공장이 위치한 목표물에 투하되기로 결정되었다. 무수한 군수품 공장이 있고 일본 제2집단 군 본부가 있었던 히로시마는 그렇게 대재앙의 목표 후보지로 낙점되고 말았다.

사라진 얼굴

평화기념 자료관 2층엔 세계 각국의 원자폭탄 실험 역사와 사진이 전시되어 있다. 그리고 그 속에서 히로시마는 영원한 고통의 증인으로 남아 다시 반복되어서는 안 될 재앙에 대해 경고하고 있었다. 인간에게 잴 수도 되돌릴 수도 없는 상처를 남기는 전쟁은 막아야 한다는 것을 말이다. 전시된 사진과 신문기사, 연보자료를 지나오면 폭파 당시 히로시마 건물 내부에 들어와 있는 듯한 느낌을 주는 섬뜩한 모형을 볼 수 있다. 불타고 있는 무너진 건물 잔해 속에서 피부가 모두 타 살점이 드러난 채로 피를 흘리는 여학생과, 온몸이 피투성이가 되어 고통스러워하는 아이의 모습은 보는 것만으로도 괴로운 일이었다. 교복을 입고 여느 때처럼 등교했을 여학생, 해맑게 웃으며 뛰어놀았을 어린아이들에게는 아무런 죄가 없었다. 그들은 나와 다르지 않은 사람들이었다! 나 또한 무고한 희생에서 영원히 예외일 수 없다는 말이다. 평화기념관을 둘러보면서 나는 한국인과 일본인, 과거의 사람과 현재를 살고 있는 사람의 경계가 허물어지는 것을 느낄 수 있었다. 우리는 그 어떤 물리적 힘이나 그 누구의 권력에 의해서 평화를 강탈당해선 안 되는 다 같은 인간인 것이다.

　전시모형 말고도 화상을 입고 고통받는 사람들을 담은 흑백사진이 당시의 비극을 생생하게 보여줬다. 폭발로 인해 얼굴이 없어진 여인의 사진 앞에선 탄식과 함께 발걸음이 멈춰졌다. 다시는 미소를 지을 수 없게 된 여인. 그러나 폭발 이후 미소를 잃게 된 건 그 여인만이 아닐 것이다. 히로시마가 마치 거대한 용광로에서 내뿜는 듯한 화염에 휩싸였을 때 그

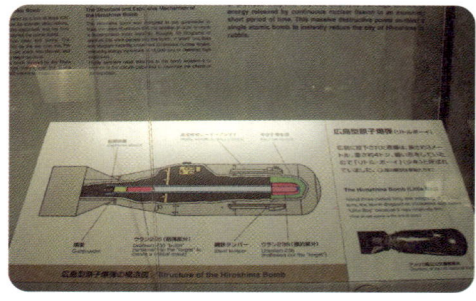 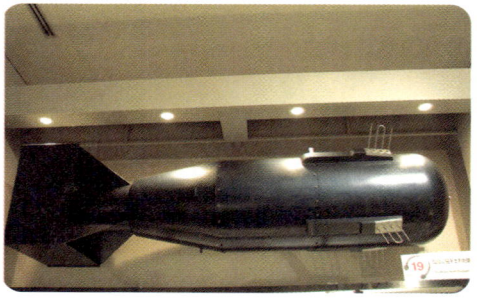

히로시마에 떨어진 원자폭탄모형과 이에 대한 상세한 설명이 전시되어 있다.

곳 사람들 모두는 얼굴을 잃어버렸다.

나는 죽음이며 세계의 파괴자이노라

B-29 폭격기가 탑재하여 9,000미터 고공에서 투하, 580미터 히로시마 상공에서 폭발한 원자폭탄은 3미터길이에 71센티미터의 지름으로 무게는 약 4톤이었지만 위력은 티엔티 2만톤에 해당된다. 100만분의 1초 내에 일어난 폭발로 수백만 도에 달하는 고온이 발생했고 곧 도시는 지옥의 열기 속에서 녹아내렸다. 고열로 인해 가열된 공기는 폭풍을 일으키고 열 복사선은 화재를 일으킨다. 단순한 파괴가 아닌 것이다. 지열은 곧바로 섭씨 6,000도가 되었고 모든 구조물들이 무너져내렸다. 모든 것을 녹여버리는 열기 속에서 무사할 수 있는 생명체는 그 어떤 것도 없었을 것이다.

 인구 40만 명 중 10만 명이 하루 만에 목숨을 잃었고 도시를 빠져나간 사람들 중 5만여 명도 결국 방사선 때문에 죽음으로 내몰렸다. 모두가 죄

원자폭탄 고공투하 모형도.

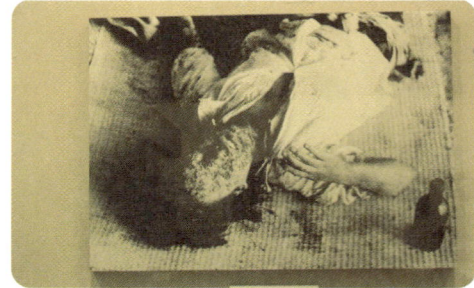
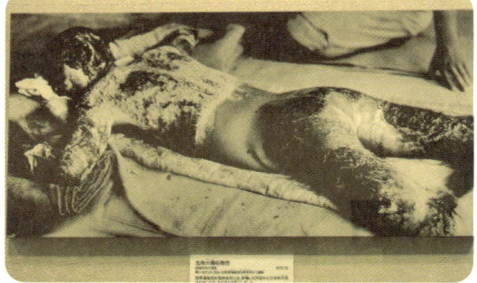
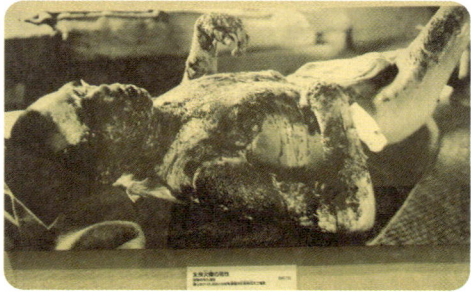

원폭 당시 희생자들을 찍은 사진. 그녀들의 아픔을 어떻게 감당할 수 있겠는가.

없는 평범한 사람들이었다. 폭심에서 5천 미터 떨어진 곳에 있던 사람들은 오렌지색 섬광과 함께 수많은 유리조각들이 엄청난 속도로 사람들의 몸을 뚫고 지나가는 것을 보았다고 한다. 무너지는 건물들과 쓰러지는 사람들. 비극의 현장에서 잠시나마 무사했던 사람들도 1,000래드(rad)의 방사선이 몸을 뚫고 지나간 사나흘 후엔 생을 달리한다. 30여 년의 시간이 흘렀을 때 약 25만 명에 달하는 사람들이 방사능 후유증으로 목숨을 잃었다.

한국인 희생자의 수도 2만여 명이나 된다. 이는 히로시마 20만 희생자의 10퍼센트에 해당하는 숫자이다. 1970년 4월 10일 재일본 대한민국 거류 민단 히로시마 현 본부에 의해 평화공원 한쪽에 한국인 희생자를

원폭 한국인 희생자들을 위한 위령비.

기리는 위령비가 건립되었다. 희생된 사람들 중에는 동원학도와 징용공 등 일본에 강제로 끌려가 비극을 맞은 사람들이 대다수일 것이다.

억울하게 죽음을 맞은 한인 피해자들을 위해 묵념을 하고 무거운 발걸음을 돌려 공원을 빠져 나왔다. 히로시마에 투하된 원폭은 엄청난 비극을 가져왔다. 그리고 그것은 자연재해가 아닌 인간에 의한 재앙이기에 더욱 섬뜩하다.

> 2005년 1월 19일 히로시마 고등법원은 2차 세계대전 당시 강제로 끌려와 일본 공장에서 일하다 원폭피해를 입은 한국인 근로자들에게 일본 정부가 배상해야 한다는 판결을 내렸다. 한국인 이근목 씨 등 징용근로자 40명이 일본 정부와 미쓰비시중공업을 상대로 제기한 손해배상청구 소송에 대해 메이지 헌법하의 국가행위에 대해서 배상할 수 없다며 청구를 기각

> 했던 1심 판결을 파기, 국가는 원고 1인당 120만 엔씩 총 4,800만 엔을 배상하라는 판결을 내렸다. 일본 정부는 그동안 자국민은 물론 외국인이라도 일본에 거주해온 원폭피해자에게는 원호혜택을 주었다. 그러나 한국인 피해자는 한국으로 돌아간 뒤에는 원호수당 지급을 중단하여 이에 한국인 피해자들인 이씨 등 40명은 지난 1996년 소송을 제기했으나, 1999년 1심에서 패소했었다

부끄럽지 않은 과학자가 되기 위하여

원자폭탄의 개발은 인간을 위한 과학이 낳은 최대의 실수였다. 과학도의 한 사람인 나로서는 히로시마 평화기념공원을 둘러보는 내내 마음이 더욱 무거워질 수밖에 없었다. 내가 연구한 과학기술이 인간과 자연에 대재앙을 내리는 무기로 악용될 수 있다면 힘들게 공부하면서 키워온 과학자로서의 명분과 양심을 모두 잃어버리게 될 것이다.

2차 세계대전 당시 아인슈타인과 질라드가 뒤늦게 폭탄사용을 반대했던 것처럼 때늦은 후회를 하지 않기 위해서 과학기술자들은 그들 자신이 수행하는 연구개발이 사회에 미칠 영향에 대해 진지하게 고민해야 한다. 세계과학자연맹이 1948년에 채택한 과학자헌장을 보면 과학자들은 자신들의 직업에 특수한 책임이 따른다는 점을 자각하고 대중이 가까이 하기 어려운 지식이 악용되지 않도록 전력을 다해야 한다고 선언하고 있다. 과학자가 이 특수한 책임을 다하기 위해서는 자신의 연구를 사회와 세계와의 관계 속에서 읽을 수 있어야 할 것이다. 수많은 인적·물적 자원이 동원되는 거대과학이 제도화되어 있는 현실이라 할지라도 과학자들이 부도덕한 행위에 문제를 제기할 줄 알고 집단적 행동으로 그들의 의사를 표

현한다면 제2의 원자폭탄이 연구실에서 잉태되는 일을 막을 수도 있을 것이다. 과학적 연구에 대한 대중과의 소통으로 과학을 밝은 곳에서 폭넓게 이야기 하는 것도 중요하다고 생각된다.

 무엇보다 중요한 것은 개발 후에 책임을 회피하거나 뒤늦은 후회를 하기 전에 상황을 제대로 파악하고 과학기술이 악용될 수 있는 연구는 피해야 한다는 것이다. 부끄럽지 않은 과학자가 되기를 다짐하면서 공원 입구에 서 있는 원폭돔을 가슴에 담고 숙소로 향했다.

히로시마에 살고 계셨던 그 할아버지는……

히로시마에 원자폭탄이 투하되고 일본이 항복을 선언함으로써 우리나라는 해방을 맞았다. 그러나 당시는 일본이 이미 패전을 눈앞에 두고 있었고 우리나라도 자주독립에의 의지가 강했던 때였다. 갑작스럽게 맞이한 독립으로 우리 땅은 강대국의 지휘하에 놓이게 되었다. 서럽기만 한 반쪽짜리 독립이었다. 원폭은 일본을 패망하게 한 것도, 우리 땅에 해방을 가져다준 것도 아니었던 것이다. 히로시마 사람들뿐 아니라 인류 모두에게 큰 상처를 준 원자폭탄 투하는 분명 잘못된 선택이었다. 이제 히로시마는 평화기념공원을 반어법으로 내세우고 역사 속에 서서 말하고 있다. 다시는 이런 비극이 되풀이되지 말아야 한다고 말이다.

 오랫동안 지속되어왔던 내 가슴속 물음도 어느 정도 풀린 것 같았다. 나는 히로시마에서 평화기념공원을 찾은 사람들의 가슴속에 되살아나 크나큰 가르침으로 비극을 증언하는 그 할아버지를 만날 수 있었기 때문이다. 그 안에서 사람들은 그 누구도 빼앗아 갈 수 없는 평화에 대하여 다

평화로운 히로시마를 위해, 그리고 전쟁 없는 세상을 위해.

시 생각하게 될 것이다.

세계 과학자연맹의 과학자헌장이란?

세계 과학자연맹은 졸리오 퀴리를 회장으로 1946년 영국과학노동자 협의회에 의해 런던에서 창립되었다. 과학의 유지와 발전, 정당성과 책임, 나아가 과학자의 생활조건과 노동조건의 향상을 위한 세계과학자의 국제적 협력의 추진을 목적으로 하고 있다. 과학자헌장은 과학이 매우 빠르게 성장함에 따라 과학자에 대한 책임과 권리에 대한 규정이 제대로 자리 잡을 수 없었던 것에 대해 염려하면서 과학의 무책임한 사용으로 인한 피해를 막고자 제정했다. 과학자의 책임, 과학과 과학자의 지위, 과학자가 될 기회, 취직에 대한 편의, 과학자의 노동조건, 과학연구의 조직, 후진국 과학에 대한 특수한 요구, 이렇게 일곱 가지의 항목을 다루고 있다.

여기서는 과학의 유지와 발달에 대한 책임은 전적으로 과학자 자신에게 있다고 본다. 과학자는 대중이 가까이 하기 어려운 지식을 가질 수 있기 때문에 대중을 대표해 과학지식이 선한 목적에 사용되도록 전력을 다해야 함을 강조한다. 과학자헌장은 과학자의 책임을 과학, 사회, 세계의 세 가지 관점으로 설명하고 있다.

TNT란?
Trinitrotoluene의 약자로 말 그대로 톨루엔(toluene)에 세 개의(tri) 질산이(nitro) 붙어 있는 것을 의미한다. 이 질산기가 하나씩 떨어져 나갈 때 생기는 에너지가 TNT의 파괴력을 만든다. 1킬로그램당 4.6메가줄(MJ)의 에너지를 갖는데 200그램만으로도 인간의 몸이 완전히 날아갈 정도라고 한다. 킬로그램당 힘으로 보면 우리가 흔히 알고 있는 지방이나 설탕이 각각 38메가줄/킬로그램, 17메가줄/킬로그램인 것에 비해 TNT가 약해 보이지만 연소될 때 매우 빠르게 에너지가 방출되어 어마어마한 위력을 갖게 된다. TNT는 1863년 독일의 화학자 빌 브란트가 개발했다. 지금의 유명세에 비해 TNT는 개발 당시 환영받지 못했는데, 그 이유는 너무 안정적이어서 폭발하기가 어렵기 때문이었다. 그러나 1902년 세계 1차 대전 때 독일은 원래 쓰던 폭탄을 TNT로 대체했다. 독일과 영국의 해군이 싸울 때 TNT가 아닌 다른 폭탄을 쓰던 영국은 독일을 공격하자마자 터지는 폭탄에 자신들의 배도 영향을 받았지만, 독일에서 TNT를 폭탄으로 공격했을 때는 독일배가 영국배를 지나가고 난 다음 TNT가 폭발해서 독일군의 피해를 줄일 수 있었다. TNT의 단점이 장점으로 돋보이게 된 순간이었다.

히로시마 평화기념 자료관 www.pct.city.hiroshima.jp

06
온천, 극락으로의 여행

하코네에서 만난 생지옥

"경고. 이곳에 오래 머물 경우 유독가스로 인한 두통 등의 통증과 대사장애가 올 수 있으니 심장질환과 호흡기 질환이 있는 환자는 특히 주의하기 바랍니다."

사람의 접근이 통제된 위험천만한 곳에나 있을 법한 이 경고문은 당황스럽게도 관광객으로 북적거리는 하코네의 오와쿠다니 자연사 연구로에 내걸려 있었다. 몸에 좋지도 않은 유해한 온천가스를 마시러 고라 역에서부터 산행열차, 케이블카, 다시 산행열차로 바꿔 타며 힘들게 해발 1,044미터까지 올랐단 말인가. 땅에서는 후끈한 열기가 올라오고 산 이곳저곳에서 가스와 수증기가 피어오르며 달걀이 썩는 듯한 유황냄새가 진동하는 하코네의 오와쿠다니는 이승에서 만날 수 있는 지옥이었다.

하코네 온천지역에서 유황가스가 모락모락 피어나고 있다. 과연 많이 흡입하면 어떻게 될까?

하코네가 한눈에 내려다보이는 오와쿠다니 역까지는 지옥 가는 길치고 경치가 너무나 아름다웠다. 산비탈을 깎아 만든 열차길을 아슬아슬하게 오르다보면 우거진 초록의 나무들과 그 사이로 내려다보이는 탁 트인 경치가 거대한 자연을 느끼게 해준다. 남산 케이블카를 연상시키는 로프웨이 안에서 해발 1,000미터 하늘에 매달렸을 때의 짜릿함은 지옥 가는 길의 하이라이트라 하겠다. 오와쿠다니 역에 내려 자연사 연구로를 따라 올라가다보면 모락모락 피어오르는 뿌연 유황가스와 웅덩이에 고인 채 부글부글 끓어오르는 탁한 물줄기를 볼 수 있다. 지구가 지금의 모습을 갖추기 전 지각변동운동이 잦았던 지질시대의 모습이 이와 비슷하지 않았을까. 원시 자연과의 만남은 신비하면서도 조금은 공포스러웠다.

온천, 존재의 이유

산으로 하여금 쉴새없이 열기를 토해내게 만든, 산 아래 하코네 유모토 지역을 일본 온천관광 제1의 명소로 만든 이 온천수는 단층이나 열하의 갈라진 틈을 따라 지하 깊은 곳에서부터 상승한 것이다. 그러므로 온천은 화산활동과 밀접한 관계가 있다. 지구과학 책 속 세계전도의 일본열도는 유라시아판과 태평양판의 경계부에 위치해 지진대에 딱 걸려 있다. 온몸 구석구석 화산대와 지진대를 나타내는 붉은 점으로 가득하고 말이다. 일본에 분포한 대부분의 온천은 화산대, 조산대, 지진대와 대부분 일치하는데 화산활동의 여부가 알려져 있지 않은 곳에도 상당한 온천이 있다고 한다.

그런데 화산이라고 해서 모두 온천이 있는 것은 아니다. 후지산과 같이 용암류나 화산방출물이 두껍게 퇴적된 화산엔 온천이 없으니 말이다. 온천현상은 화산이나 지진과 달리 국소적인 현상이기 때문에 일본처럼 주변에 많은 온천이 있고 온천목욕에 관심을 가진 사람들이 오래전부터 거주하는 경우, 많은 온천이 세상에 알려질 수 있는 것이다. 습한 날씨 때문에 수시로 씻지 않고는 견딜 수 없는 기후의 압박으로 목욕이 일상이 된 일본인들이 온천에 높은 관심을 갖게 된 것은 정한 이치가 아니겠는가. 67개의 활화산이 열도 곳곳에서 가쁜 숨을 내쉬고 세계 어느 민족보다 뜨끈뜨끈한 탕 속 열기를 즐기는 사람들이 살고 있는 일본에서 온천의 발달은 당연한 결과였다.

이렇게 뜨거운 데 몸을 담그면 어떻게 될까요?

아리마 온천엔 말이 없다

우리의 두 번째 온천 탐방지는 고베 가까이에 위치한 아리마였다. 하코네보다 옛스럽고 정감이 가는 그곳은 크고 작은 산들이 울타리가 되어 감싸안고 있었다. 아리마는 온천 도시라기보단 온천마을이라는 이름이 더 잘 어울린다. 고베에서 아리마로 향하면서 지나치는 역들이 점차 간이역 규모로 작아지다가 시골 아궁이 냄새가 그득하게 허파에 차오를 때 쯤 내리는 역이 아리마온센 역이다. 플랫폼은 하코네와 비교하면 초라할 정도로 아담했지만 나름의 운치와 여유를 가지고 있었다. 마치 드라마 세트장을 통째로 옮겨놓은 듯한 아리마 지역의 골목골목은 수십 년 전의 일본에 와 있는 듯한 착각에 들게 했다. 슬몃슬몃 느껴지는 온천수의 열기와 냄새는 시나브로 오감을 취하게 만들었다. 그것은 온천여행에서만 체험할 수 있는 완벽하게 색다른 세계였다.

사실 아리마의 일본어 표기를 해석하면 아리-있다, 마-말 로 '말이 있다'는 뜻이 된다. 그러나 아리마 역에 내려서부터 구석구석을 돌아보는 동안 단 한 마리의 말도 찾아볼 수 없었다. 으레 있으려니 했던 말들이 자취를 감춘 것이다. 호기심과 확신으로 용감하게 무장한 채 인포메이션을 찾아가 물어보았다. "'아리'는 '-있다'는 뜻이잖아요. 그런데 왜 이 지역에 말이 안 보이죠?" 대답은 이랬다. "'아리마'는 '말이 있다'는 뜻이 아니라 산으로 둘러싸인 온천지역을 일컫는 말이랍니다." 역시 어설픈 지식은 위험을 초래하는 법이다. 구로에 가서 떼지어 다니는 아홉 명의 노인을 찾은 것 같아 민망하기 그지없었다.

명품수에 몸을 담그다

온천장들은 옛날식 건물들로 오밀조밀 자리하고 있었는데 어느 탕으로 들어갈지를 정하는 일은 저녁메뉴를 고르는 일만큼 쉽지가 않았다. '미숙이네 온천', '원조 온천', '다나아 온천' 이런 식이면 에라 모르겠다 간판 디자인이 내 스타일인 곳으로 들어가면 그만일텐데, '긴센(金泉)', '긴센(銀泉)' 이렇게 온천수의 성질에 따라 탕의 이름이 내걸려 있으니 말이다. 로열젤리냐 동충하초냐를 두고 무엇을 선택할지 고민하는 일은 행복할지 모르겠으나 쉬운 일이 아닌 것만은 사실이다.

결국 우리의 선택은 긴센(金泉)이었다. 탕 안은 이름에 걸맞게 철의 적갈색을 띠는 붉은 온천수가 넘실거렸다. 187미터 깊이에서 용출되어 나온 금탕의 귀하신 물은 철과 염화토류를 함유한 식염천으로 류머티즘과 부인병에 좋다고 한다. 이웃탕인 긴센(銀泉)은 만성소화기증과 관절염에 좋은 약물을 담고 있는데 금탕의 성분과는 전혀 다른 나트륨과 염화물탄

산으로 둘러싸인 아리마, 산속에 집이 박혀 있는 듯하다. 하지만 이곳은 왠지 된장냄새가 구수하게 나는 시골 같다고나 할까.

산수소염을 주성분으로 하고 있다. 아리마 온천에 가면 간판스타일이 아닌 내 몸의 이상에 따라 병원 고르듯 탕을 선택하는 것이 현명하다.

긴센(金泉) 안의 풍경은 한국식 목욕탕과 별반 다르지 않았다. 우리와 다른 점이 있다면 국적불명의 때타올로 야무지게 때를 밀어내는 사람은 찾아볼 수 없다는 점이다. 또 한 가지, 나의 정서로는 선뜻 받아들이기 힘든 상황이 펼쳐졌는데 남탕과 여탕이 한 천장 아래 위가 휑한 벽을 사이에 두고 나뉘어 있는 게 바로 그것이다. 소리와 공기만이 오고 가는 그 틈새가 자꾸 신경이 쓰여 쉴새없이 감시의 주파를 날리느라 분주한 시간을 보낼 수밖에 없었다. 긴센(金泉)의 하이라이트는 붉은 약수가 넘실대는 탕 속! 황톳빛 온천수에 몸을 담그면 울퉁불퉁한 몸매도 편안하게 가려진다. 지친 몸에 최고의 휴식이 됨은 물론이다. 타고난 피부와 피의 맛(?)덕에 일본 모기들의 파상 공격을 받은 팔뚝과 다리도 땅속 지구의 기운을 품고 올라온 온천수와 대면하고 나니 붓기가 제법 가라앉은 듯했다. 기분상으로만 그래 보인 것일지 모르나 그런들 어떠리 내가 그렇게 느끼면 그만인 것을.

 일본 3대 온천인 아리마 온천의 유래는 옛날 옛적 현생인류가 출현하기 전, 공룡들이 발붙이기도 전인 신들의 시대로 거슬러올라간다. 길기도 긴 이름의 오오나무치노미코토와 스쿠나히코나노미코토 두 신이 산골짜기 아리마 마을에서 온천을 발견한 것이 처음이었다고 한다. 세상에 널리 알려지고 나서 지금까지 1,400년의 역사를 지속시키고 있다니 아리마 온천수야말로 세월이 보장하는 명품수라 하겠다.

목욕의 과학

온천수에 포함되어 있는 다양한 광물질은 피부에 직접 영향을 끼칠 뿐 아니라 피부를 통해 미량 흡수되어 온몸 구석구석 효과를 내기도 한다. 제아무리 지독한 방귀도 그 독하기를 따라잡을 수 없다는 유황은 비록 기체 상태에선 어디에서도 환영받지 못하지만, 온천수에서는 각질을 융해시키고 세균을 없애주며 피부를 촉촉하게 지켜준다. 특히 셀레늄은 피부로 흡수될 수 있는 이온의 형태로 녹아 있는데 항암 효과와 노화 방지, 상처 복원에 도움이 된다고 한다. 온천수는 종류에 따라 성분도 다르고 효능도 다양하다. 증세에 따라

대부분의 온천탕이 일반 대중 목욕탕과 비슷한 느낌을 준다.

내과와 신경외과를 각각 찾아가듯이 내 몸에 딱 맞는 탕에 들어앉아 땀 한 번 쫙 빼주고 나면 명의가 따로 필요치 않을 것 같다. 물론 성형외과 쪽은 제아무리 온천수여도 별 도리가 없다.

온천수는 그것이 가지는 화학성분뿐 아니라 물리적 작용으로 인한 효능도 가지고 있다. 피부에 작용한 열이 체내의 모든 혈관을 확장시켜 혈액 순환 및 이뇨 작용을 촉진시키고 만성 부인병 및 위장병 치료에 효과가 있다. 약알칼리성의 온천수는 산성화된 인체를 중성 체질로 변화시켜 긴장을 해소시키고 피로 상태에서 회복시켜준다. 우리 일행 역시 빡빡한 여행 중에 들렸던 온천 덕에 무거웠던 몸도 가벼워지고 낯선 타국에서의 긴장감도 어느 정도 해소되는. 그야말로 날아갈 것 같은 기분을 느낄 수 있었다. 물 속에서는 공기 중에서보다 몸이 1/10 정도 가벼워지기 때문에 허리나 관절에 통증이 있는 사람도 행동이 훨씬 자유로워진다. 이는 물의 부력 덕분인데 이를 적절히 이용하면 위축된 근육의 회복에 많은 도움이 될 수 있다고 한다.

아리마 온천지역의 아늑한 숙박시설.

뜨거운 온천수에 몸을 담그고 있으면 체온도 올라간다. 체온이 1℃ 상승하는 데 따라 몸의 신진대사는 10퍼센트 정도씩 항진하므로 탕에서 머리만 물위로 내밀고 앉아 있기 권법은 건강을 유지하는 데 효과적이다. 그래서일까. 뜨거운 물에 들어가서도 우리는 '시원하다~'고 말한다. 신진대사가 활발해져서 몸이 건강해지는 기분은 시원하다는 말과 제법 잘 어울리는 듯 하다. 그러나 현지 목욕탕에서 알아본 바로는 일본 사람들은 뜨거운 탕에서 시원하다는 똑똑한 반어법을 쓰지 않는다고 한다. 뜨거운 물은 몸의 대사활동을 도울 뿐 아니라 체내 백혈구 수를 증가시켜 병원균의 침입으로부터 우리 몸을 보호한다고 하니 바쁠수록, 지칠수록, 시간이 없을수록 여유 있는 온천욕을 즐길 필요가 있겠다. 자연이 선물한 약수에 몸을 담그고 병원 처방 없이 건강해지자는 말이다.

지옥에서 만난 극락

온천역사에 있어서 일본을 능가할 수 있는 나라는 없다. 67개의 활화산이 활동하고 있고 공식적으로 확인된 온천만 3,000개가 넘는 온천의 나라 일본. 그들의 온천문화는 일본의 관광과 음식, 숙박문화를 지탱하는 원류가 되었고 일본 여행에서 빼놓을 수 없는 핵심 코스가 되었다. 땅 속 깊은 곳에서 역동하는 자연의 에너지를 온몸으로 느낄 수 있는 온천욕은 탕 안에서 즐기는 여유로 인한 정신적 효과와 온천수에 포함된 광물질로 인한 화학적 효과를 두루 갖춘 최고의 휴식이라 하겠다. 하코네와 아리마 온천 지역으로의 여정은 단순한 신선놀음이 아닌 과학적으로 건강한 여유를 즐기는 일본을 엿볼 수 있는 좋은 기회였다.

하코네에서 먹은 온천수로 삶은 계란. 난 두 개를 먹었는데 14년 더 살 수 있을까.

오와쿠다니 자연사 연구로를 오르다보면 '극락'이라는 이름의 매점이 있다. 지옥을 연상케 하는 곳에서 만난 휴식처다운 멋진 이름이었다. 그 곳에서는 온천수로 삶았다는 시커먼 계란을 파는데 한 개를 먹으면 7년 을 더 살 수 있다고 한다. 상술로만 생각하고 싶지 않은 기분 좋은 간식 이었다. 그런데 진정한 극락은 연구로의 산 중턱이 아닌 산 아래에 있다. 온천수에 몸을 담그고 조용히 사색에 잠겨보는 것. 극락은 그 속에 있다.

아리마 온천 - 긴노유 http://feel-kobe.jp/arima/cont01/cont01-flm.htm

07 일본 정원, 장식품이 된 자연

눈요깃감이 된 식물

보통 공간을 장식한다고 하면 그림이나 조각품들이 떠오르기 마련이다. 중세 유럽의 화려한 궁전만 해도 샹젤리제와 벽화, 예술품들이 내부를 더욱 화려하게 꾸미고 있다. 그런데 이곳 일본에서 공간장식에 대한 유럽인들의 사고방식을 최초로 뒤엎은 것들이 있었다. 유리카모메 열차를 타고 내린 심바시 역에서 고층의 세련된 건물들을 지나 도심 한구석에 조용한 휴식처로 자리 잡고 있었던 그곳, 나라(奈良)의 주택가에선 아기자기한 모습으로, 히로시마에선 널찍하고 여유 있는 모습으로 여행자에게 내 집 같은 휴식을 주었던 그곳은 자연의 대상인 식물을 장식품으로 꾸며 놓고 마음껏 눈요기를 할 수 있는 정원이다.

일본 사람들은 어떻게 식물을 장식품으로 쓸 생각을 했을까. 동양 특

빗방울이 떨어지는 고즈넉한 이스이엔 분위기. 이 정원은 전원과 후원으로 나뉘어 있다.

유의 자연친화적 정서라면 알 만한 사람은 다 안다. 거기에다 마당과 바로 연결되는 얕은 마루를 가진 일본 가옥구조도 한몫 했으리라 생각된다. 마루에 앉아 내다보는 정원이라니 한 폭의 그림이지 않은가. 가장 중요한 것은 아이디어였다. 살아 있으되 움직이지 않는 그리고 계절마다 다양한 멋을 부릴 줄 아는 식물을 장식용으로 쓸 창의적 생각이 일본만의 독창적인 정원을 만들어낸 것이다.

비오는 날의 이스이엔

동물원도 아니건만 여기저기 사슴이 유유자적하는 도시 나라. 우리나라와 교역이 활발했던 삼국시대에 한국말에서 따온 지명을 갖게 된 처음가도 친근할 수밖에 없는 도시가 바로 나라이다. 웅장한 고 건축물 도다이

세계 최대의 목조 건물 다이부츠덴과 세계 최대의 청동불상 다이부츠로 유명한 절. 하지만 두 번 소실된 뒤 1692년에 이르러서야 지금처럼 축소된 형태로 정비되었다.

지를 둘러보고 나서 좁은 골목길을 따라가다 보면 주택가 사이에 이스이엔이 있다.

작은 미술관과 함께 자리잡은 일본식 정원 이스이엔에 도착했을 때 끈적한 더위를 식히는 소나기가 내렸다. 보일 듯 말 듯 뜨거운 입김을 한숨처럼 내뿜고 있었을 풀잎들이 빗물 속에서 싱싱해지는 순간이었다. 이스이엔은 넓지 않은 면적이 꾸며진 정원이었지만 그 속은 연못과 구름다리, 여러 종류의 수목 등으로 채워져 축소된 자연을 보는 듯했다.

정원 가장자리 구석에 세워진 한 칸짜리 집 툇마루에 앉으니 짜임새 있게 잘 정돈된 정원이 한눈에 들어왔다. 지붕에서 떨어지는 빗방울 너머의 이스이엔은 고즈넉한 평화로움 그 자체였다. 앞서 들렀던 도다이지와는 규모나 기술적인 면에서 비교할 수 없을 만큼 소박한 정원이건만 그때 처마 밑에서 내다본 이스이엔의 모습이 더 생생하고 그립기만 하다. 자연의 멋이란 원래 그렇게 사람을 더 취하게 만드는가 보다. 비록 그 자연이 사람이 구성하고 배치한 정원일지라도 말이다. 우리 집 마당에 이렇

나라를 대표하는 주변 자연과의 조화가 인위적인 느낌이라고는 별로 들지 않는다. 또한, 동양적 이미지인 연꽃과 징검다리가 절묘한 조화를 이루고 있다.

게 아기자기하면서도 멋스러운 자연이 축소되어 놓여 있다면 얼마나 좋을까. 실은 이것이 이스이엔에 취하면서 든 첫 번째 생각이었다.

도심 속 대형 정원, 하마리큐

하마리큐는 이스이엔과 달리 상당한 규모를 자랑하고 있었다. 그것도 땅값이 꽤 나갈 것 같은 도쿄 도심 속에서 말이다. 일본식 정원답게 널찍하게 꾸며진 그곳에 배도 다닐 수 있는 대형 수로와 둘러보다 지쳤을 때 쉬어갈 수 있는 정자들, 작은 정원에선 욕심내기 어려운 큰 키의 관목들도 있다. 공원이라는 이름하의 하마리큐에서 잘 배열되고 꾸며진 자연경관을 찾아볼 수 있었다. 눈요깃감이 된 식물들의 향연은 높은 곳에서 내려다봐도, 가까이에 다가가서 보아도, 저만치 멀리를 내다봐도 멋진 사진이 되고 풍경이 되었다. 도심 속 쉼터로 이만한 것도 없을 것이다. 그림이나 도자기, 때때로 한참을 들여다봐도 좀처럼 작가의 의도를 파악하기 힘든 미술품들에 비해 어떤 면에서도 밀리지 않는 최고의 장식품이 바로

1 하마리큐 정원 안내도.
2 빌딩 숲 사이로 자연의 미풍이 존재하는 공간 하마리큐 정원. 마천루에 압도되지 않고 당당히 버티고 있다.

살아 있지만 움직이지 않는 식물이 아닐까. 정원을 만들어 국보급 보물 이상의 눈요깃감을 즐겼던 일본인들의 지혜를 높이 사고 싶다.

정원에서 만난 자연 속 과학

일본 정원에서 그 어떤 식물보다 장식효과가 컸던 것이 바로 수국이었다. 수국은 암술과 수술이 한 꽃에 나는 중성화로 6-7월에 꽃이 피며 일본산이다. 사람 키만한 둥근 공모양의 꽃나무로, 손톱만한 꽃들이 촘촘히 핀 뭉치들이 나무를 이룬다. 멀리서 보면 솜뭉치 같기도 하다. 수국은 모양도 모양이지만 꽃색이 가히 환상적이다. 어떤 나무의 꽃은 연한 파스텔빛 보라색이고 또 어떤 꽃은 청초한 파란색, 어떤 꽃은 연한 홍색빛을 띠고 있으니 말이다. 수국이 멋쟁이 꽃이 될 수 있었던 것은 산성도에 따른 꽃잎색 변화 때문이라고 한다. 꽃잎은 식물체와 토양 등의 환경의 영향을 받아 처음엔 연한 자주색을 띠다가 하늘색으로 옷을 갈아입고 마지막

형형색색으로 자신을 뽐내는 수국들이 도심 속의 아름다운 공원의 면모를 더욱 돋보이게 한다.

으로 연한 홍색을 뽐내다가 쇼는 끝나고 다음해를 기약하게 된다. 관상용으로 많이 심는 수국은 옛날엔 꽃을 말려 해열제로 썼다고도 한다. 화려한 줄만 알았더니 내실도 깊은 식물이다.

　일본 정원의 주인공은 뭐니뭐니해도 연못과 그를 둘러싼 키 작은 수목이다. 미동조차 없는 잔잔한 물가를 향해 뻗어 있는 나무줄기는 어느 시에 나오는 문구처럼 마치 노스탤지어의 손수건 같다. 비록 흔들리지는 않지만. 때로 어떤 나무들은 아예 물속에 뿌리를 내리고 연못 가운데 솟아나 있어 신비롭기까지 하다. 그 자태가 신비스럽긴 하나 아무 나무나 그렇게 될 수는 없는 법. 물가에서 자랄 수 있는 식물들에겐 그만한 비밀이 있다.

연못과 키 작은 나무는 잔잔한 물소리와 시원한 바람의 교향곡으로 단련된 도심 속의 자연이었다.

여타의 식물들과 달리 발달되지 않은 기공을 가졌다는 것이 그 첫 번째 특징이다. 물과 늘 접하다 보면 잎 뒷면에 촘촘히 뚫린 기공이 다 무슨 소용이겠는가. 그래서 수생식물들은 잎의 앞면에 기공을 가진다고 한다. 물가에 살다보니 강렬한 햇빛을 피할 수 있고 바람의 영향을 받지 않게 된 식물은 단층으로 된 표피조직을 가져 몸체가 부드럽기도 하다. 뿌리는 또 어떠한가. 굳이 뿌리가 아니어도 다른 기관으로 수분을 흡수할 수 있어서 뿌리는 단지 식물체를 지지하고 무기물을 흡수하는 단순 지령만을 수행하면 된다. 줄기에도 통기조직이 발달되어 있어 물속 식물이 직립할 수 있게 도와준다. 어떤 학자들은 통기조직이 줄기의 50퍼센트 이상을 차지하면 그를 수생식물로 분류하기도 한다니 이는 수생식물이 갖는 주요 특징 중 하나라고 하겠다.

물가 혹은 물속에 사는 식물들은 일본 정원에서처럼 운치를 더해주기도 하지만 생태학적으로 수질을 정화하는 데도 큰 몫을 하고 있다. 수중 영양염류를 제거하고 물속에 산소를 공급하는 똑똑한 해결사 노릇을 하

구름이 살짝 햇살을 가려 나른한 오후, 원앙 한 쌍은 서로의 애정만큼의 간격을 벌려 유유히 연못 위를 헤엄쳐 가고 있다.

고 있으니 말이다. 거기에다 어류와 동물성 플랑크톤 등 수상생물의 서식공간까지 제공하니 그들이 '거기'에 있음으로 해서 얻는 효과는 한두 가지가 아니다.

  규모가 큰 연못 위에 원앙만큼 잘 어울리는 한 쌍도 없을 것이다. 하마리큐의 널찍한 연못 가장자리에서 원앙을 발견한 뒤 갑자기 사진기의 셔터가 바빠졌다. 그만큼 보기 좋은 그림이었다. 우리나라에선 신혼부부들에게 금슬 좋기로 소문난 원앙 한 쌍을 선물하곤 한다. 그러나 원앙은 다정스런 겉모습과 달리 일부일처제인 우리 입장에서 보면 몹쓸 짝짓기 습성을 가졌기 때문이다. 보통 한 마리의 암컷에 열 마리 안팎의 수컷이 몰려와 구애작업을 벌이면 암컷은 그 중 하나를 선택하게 되는데 이러한 짝짓기는 매년 일어난다고 한다. 한해가 멀다 하고 짝을 바꾼다는 말이다. 짝짓기 후에 암컷이 알을 낳고 나면 수컷을 홀연히 떠나버리기까지 한다. 본인의 깃털이 화려해 눈에 잘 띄어서 암컷과 알들이 위험에 처할까봐 하는 행동이라지만 밉상이 아닐 수 없다. 어쨌거나 보기 좋게 나란히 물위

도심 속 공원의 고양이 두 마리.

를 물 흐르듯 헤엄쳐 나가는 한 쌍의 원앙은 정원의 볼거리를 더해주는 훌륭한 장식품 중 하나임엔 분명했다.

하마리큐에서 만난 가장 놀라운 자연은 다름아닌 살찐 고양이였다. 다소 을씨년스럽고 꺼림직한 분위기를 자아내는 도둑 고양이가 평화롭기만 한 정원 안을 어슬렁거리고 있다니. 우리로선 놀라지 않을 수 없었다. 일본에서 고양이는 사랑스러운 동물임에 틀림없다. 그도 그럴 것이 음식점 문 앞을 지키는 고양이 인형도 종종 볼 수 있었고 일본 만화 캐릭터에도 고양이가 자주 등장한다. 일곱 번이나 환생하며 꼭 복수하고야 마는 흉물스런 동물이 바다 건너 섬나라에 오면 행운을 가져다주는 길조 동물로 대접받는다. 애완용이 아니면 100퍼센트 도둑으로 불리는 한국의 고양이들이 이 사실을 알며 몹시 억울해할 것 같다.

공원뿐 아니라 도심 거리에서도 흔하게 출몰하여 우리를 의아하게 했던 까마귀의 경우도 마찬가지다. 원래 유교문화권에선 예로부터 까마귀를 반포지효를 아는 효자새로 보고 길조로 여겨왔다. 까마귀는 나이가 들면 도리어 어미에게 먹이를 물어다주는 습성이 있기 때문이다. 그러나 우리나라에선 까마귀와 검은 고양이가 마녀의 변신물이라고 보는 서양문화가 전래되는 바람에 대접받던 두 동물이 천대받게 된 것이다.

소통하는, 그래서 아름다운

여행일정을 짜면서 중간중간 정원을 끼워 넣는 일은 안타까우면서도 다행스러운 것이었다. 다른 현대적 볼거리도 많은데 귀한 시간에 정원을 찾아 헤매야 한다는 아쉬움이 들었던 건 사실이다. 한편으론 고된 일정 가운데 유유자적 몸과 마음을 식힐 수 있는 여행지가 될 것이라는 안도감도 있었지만 말이다. 이스이엔, 슛케이엔, 하마리큐를 둘러보고 단순하다고 생각했던 정원에서 그들의 창의적인 아이디어를 만났던 건 매우 흥미진진한 경험이었다. 분위기에 호젓이 젖기만 한다면 화려한 조형물이 주는 것 이상의 감동을 느낄 수 있는 곳이 정원이기도 했다. 자연을 내

도심 속의 정원 슛케이엔. 히로시마 원폭으로 파괴된 것을 1951년에 복원했다.

집 마루 너머에 끌어들여 색감과 배열에 맞게 꾸며놓은 일본인의 발상 속엔 장식품이 된 살아 있는 자연이 있고 자연과 혼연일체가 된 사람이 있다. 사람과 소통하는 장식품은 파리의 루브르 박물관에서 까치발을 들어야 겨우 볼 수 있었던 다빈치의 모나리자보다 훨씬 아름다웠다.

나라 이스이엔 www.nmsc.or.jp/nmsc/kanko/isuien.html
도쿄 하마리큐 www.tokyo-park.or.jp/park/format/index028.html

에필로그

━

여행은 낯설고 설레고 즐겁고 '고단한' 것이다. 일본 문화 속에서 과학을 캐내겠다는 의지로 무장했던 우리의 여행이 딱 그랬다. 유유자적하며 여유롭게 구경하는 관광이 아닌 매순간 과학이나 글의 소재가 될 만한 것들을 찾으며 고민했던 탐방이었으니 말이다. 알차고 야무진 여행을 경험하게 해준, 치열한 글쓰기의 쓴맛과 단맛을 맛보게 해준 일본 과학 대탐험 프로젝트에 감사한다. 더불어 그 해 여름 고베에서 내게 큰 힘을 주었던 시원한 바람의 따뜻했던 위안에 감사한다. 『일본 과학 대탐험』은 '꿈꾸는 과학' 식구들과 함께한 소중한 추억의 증거가 되어 내 인생의 책장에 고이 꽂힐 것이다. 이 책을 통해 여행지에서도 과학의 눈을 번쩍여보는 재미난 경험을 해보시기를! ● **김민경**

━

여행도 '팀워크' 이다. 개성 강한 친구들이 모여 여행을 간다면 내분이 끊일 수 없는 법! 힘닿는 데까지 일본 과학관들을 샅샅이 조사하겠다는 초심은 어디에 가고 슬슬 똑같은 일정에 지쳐 있던 즈음이었다. 예정된 자연사박물관으로 가던 발걸음을 돌려 유니버셜 스튜디오로 향했다. 한바탕 신나게 놀고 나오며 땡땡이를 치는 것도 마음이 맞아야 죄책감은 반이 되고, 짜릿함은 배가 된다는 것을 느꼈다. 여행을 시작하면 그 여행이 결코 만만치 않다고 생각할 때가 있다. 그 위기마다 여행의 동행자들을 격려하여 지혜롭게 헤쳐나갔던 경험, 그것이야말로 여행의 진정한 소득이었으리라. ● 김태양

여행은 즐거운 것이다. 더군다나 과학 여행이라니. 누구도 도전하지 못한 '일본 과학 여행' 을 다녀온 것은 행운이었다. 그래서 나는 스스로에게 숙제를 내주었다.
하나는 다카기 진자부로 같은 양심있는 과학자들을 여럿 길러내는 것이고,
둘째는 아톰이 아닌 우리만의 영웅을 아이들에게 선물하는 것이다.
셋째는 내 아이에게 부끄럽지 않을 과학 전시관을 만드는 것이다.
세 가지 숙제를 끝내면, 일본 사람들이 우리나라로 과학 여행을 오겠지? ● 박찬석

무던히 덥던 2004년 여름, 서울에 비를 내렸던 장마구름이 서서히 동남쪽으로 물러가고 있었다. 장마구름이 아쉬웠는지 아니면 장마를 더 느끼고 싶었는지는 알 수 없으나 과학을 꿈꾸는 우리는 장마구름을 따라 일본으로 향했다.

    비행기에서 내려다보는 일본은 일본 애니메이션 〈천공의 섬 라퓨타〉를 생각나게 할 만큼 맑고 깨끗하고 아름다워 보였다. 그래서였을까? 이제 막 들어서려는 미지의 세계에 대한 두려움보다는 무엇인가에 흠뻑 빠져버릴 것 같은 느낌이 시종일관 나를 끌어당겼다. 나는 오늘도 이 첫 느낌을 배낭에 넣으며 멋진 과학 여행을 꿈꾼다. ● 서재형

'기록은 기억을 지배한다'는 예전의 한 카메라 광고 카피처럼, 여행의 기억은 많은 부분이 사진을 통해서 재구성된다. 사진 촬영을 담당했던 나 역시, 일본 여행의 기억을 되살릴 때면 청명한 날씨 덕분에 마음껏 사진을 찍을 수 있었던 도코로자와에서의 하루가 가장 먼저 떠오른다. 지금도 파란 하늘이 담긴 그 사진들을 보면, 그 공간을 채우고 있던 공기의 신선한 느낌과 여유로웠던 기분들이 함께 되살아난다. 이 책의 사진들을 통해, 내가 일본에서 보고 느낀 공감각적 기억들이 독자들께 온전히 전해지기를 바란다. 또 한편으로는, 내가 미처 사진에 담지 못한 기억들을, 독자들께서 직접 만들 수 있게 되기를. ● 전혜리

약간은 늦게 팀에 합류해 여행을 준비하는 동안 머뭇거려졌지만 여행을 다니면서 그런 건 별로 문제가 아니었다. 도쿄대 빨간문 '아카몬', 이승엽보다 무시무시한 롤러코스터로 기억되는 도쿄돔, 정말 진중한 태도의 다카기 학교 선생님들과의 인터뷰, 내 지도교수님이랑 학술교류했다는 이유 하나만으로 하루종일 안내를 맡아주셨던 멋있는 교토대 교수님.

   자전거를 못 타는 나를 태우고 교토를 하루종일 돌아다녔던 성준 오빠, 찬석이. 일본을 떠나는 마지막날 밤, 과일맥주 한 모금에 기절하여 내방으로 질질 끌려왔던 그날. 일본여행을 마무리하면서 내 온몸의 긴장은 맥주 한 모금에 녹아버렸다. 그때 보여주려고 했던 일본의 모습. 이 책을 읽는 사람들도 볼 수 있기를.

● 정유진

에필로그

무언가를 써야 한다는 압박 때문이었을까? 우리는 아침마다 여행의 스트레스를 날려줄 진한 카페모카를 찾아다녔다. 낯선 환경이 선사하는 설렘과 약간의 의무감에서 비롯된 스트레스가 묘하게 섞인 달콤쌉쌀했던 내 생애 최고의 여행. 이 책은 그렇게 열다섯 잔의 카페모카를 들이키며 일본에서 보고, 듣고, 느끼고, 겪었던 과학과 추억을 기록한 우리의 일본 기행이다. ● **조덕상**

우리나라 사람치고 긍정적이든 부정적이든 간에 일본에 대한 개인적인 감정 하나 없는 사람은 없을 것이다. 나에게 일본은 우리 가족 관계와도 맞물려 진정 다른 나라라고만은 할 수 없는 조금 독특한 나라였다. 이 일본 과학 여행 전에도 일본에 가본 적은 있었다지만 그것은 어머니와 함께 동반여권을 쓸 정도로 어릴 적의 일이라 기억조차 없는 일이었다. 이런 나에게 이번 여행은 어떻게 보면 첫 일본 여행이라 할 수 있었다. 그냥 여행이 아닌 내가 공부하는 과학과 함께 한 나의 첫 일본 여행은 여러 가지로 의미 깊은 경험이었다. 일본이라는 나라를 더 이해하고픈 감정을 추가시켰고 여행할 때마다 언제나 과학을 찾아 뒤지는 습관을 갖게 하는 계기가 되었다. '꿈꾸는 과학' 친구들과 함께하면서 배가 된 소중한 경험을 책으로 마무리 지으면서 책과 함께 여행을 하는 모든 사람들에게도 일본과 과학 여행에 대한 또 다른 특별한 감정이 생기기를 꿈꾼다. ● **최승원**

우리는 어떤 일을 계획하고 그 일에 필요한 사람들을 선발할 때 사람들이 가지고 있는 열정의 가치를 평가하려고 한다. 열정을 가진 사람은 어떤 것도 이룰 수 있는 무한한 잠재력을 가지고 있기 때문이다. '꿈꾸는 과학' 이 신입회원을 모집할 때도 지원한 학생의 모임에 대한 열정에 가장 높은 점수를 준다. '꿈꾸는 과학' 에서 『일본 과학 대탐험』을 기획할 때도 그랬다. 다행히도 난 하고 싶다는 열정을 인정받아 운좋게 이 프로젝트에 참여할 수 있었지만, 일이 진행될수록 자꾸만 내 열정이 부족하다는 생각이 들었다. 열정은 핑계일 뿐 결국 모자란 것은 내 정성과 노력이었다. 이 책은 '꿈꾸는 과학' 친구들의 열정과 노력 그리고 정성이 담긴 소중한 결실이다. 일본의 무더위도 우리의 기세를 꺾진 못했다.『일본 과학 대탐험』을 출간한 우리 모두의 열정을 바탕으로 앞으로 미국 과학 대탐험, 호주 과학 대탐험도 나왔으면 하는 바람이다. We did it! ● 홍성준

일본과학 대탐험

1판 1쇄 펴냄 2008년 7월 21일
1판 2쇄 펴냄 2010년 11월 19일

기획 정재승
글·사진 꿈꾸는 과학

주간 김현숙
편집 변효현, 김주희
디자인 이현정, 전미혜
영업 백국현, 도진호
관리 김옥연

펴낸곳 궁리출판
펴낸이 이갑수

등록 1999. 3. 29. 제300-2004-162호
주소 110-043 서울특별시 종로구 통인동 31-4 우남빌딩 2층
전화 02-734-6591~3
팩스 02-734-6554
E-mail kungree@kungree.com
홈페이지 www.kungree.com

ⓒ 꿈꾸는 과학, 정재승, 2008. Printed in Seoul, Korea.

ISBN 978-89-5820-131-1   03400

값 15,000원